お宝商品は「違和感」で探せ

せどりの思考法

フジップリン 著

はじめに

はじめまして、フジップリンと申します。6年前の私は、工場勤務のメッキ職人をしていました。妻と2人の子どもがいる40代男性です。

せどりの収入で暮らしている自分をときどき、夢のように思います。

百円だって自分の力で稼ぐことができるのは素晴らしいことで、実際に嬉しいものです。

以前の私は、「収入を増やしたい」「自由な時間がほしい」「頑張った分だけ結果がほしい」「自分1人の力で稼ぎたい」「現状を変えたい」と、いつも現状に不満を持っていました。

もし、あなたが同じ不満を持っているのでしたら、この本は味方になってくれるでしょう。

なぜなら私が、せどりで不満を解消したからです。

本書の内容は、表面的なノウハウではありません。

せどりで利益が出る商品を見つけるために必要な思考法、実践的な見るべきポイントを伝えています。

私が運営しているせどりコミュニティーのメンバーに、実際に伝えている手法です。

ビジネスの手法というと複雑で、日々更新されて過去のものとなっていくイメージがあるかもしれません。

それは、木にたとえれば枝やその先の葉を追い求めているからです。本質はシンプルであり、いつでも実践可能で長く通用します。枝や葉ではなく、木の幹を想像してください。せどりの表面的な店舗や商品の情報は変わっていっても、利益が出る商品が生まれる構造や、それを見つけるための根本的な考え方は同じです。

言い方を変えれば、私はそのしくみを見つけたから、いつも同じ手法を伝えていますし、結果を出し続けられています。

せどりは、あなた1人で稼ぐことができるビジネスです。小資金で、最小限のリスクで始められます。パソコンが苦手でも大丈夫。ビジネススキルや、専門知識も必要ありません。

せどりは「安く買って、高く売る」だけ。とてもシンプルなビジネスです。

「せどりとは何ですか」とよく人に尋ねられますが、私は常にそう答えています。

江戸時代以前から、安く買って、高く売るビジネスをしていた人はいました。

中でも、書籍の背表紙から目利きで価値を読む商売が「背取り」や「競取り」と呼ばれていて、現在の「せどり」の語源はこのあたりのようです。もしかしたら彼らも、組織に属さずに、自分の力で収入を得て夢を追っていたのかもしれませんね。

自分の力で稼げるようになりたい。まずお金がほしい。いずれは独立したい。

せどりは、そう思ってる人が始めるのにふさわしいビジネスだと思っています。

せどりには、さまざまな手法がありますが、根本はシンプルです。経験者になると、このビジネスを単調に感じることがあります。安売りしている商品を探すだけですから。

一方で、コンスタントに利益を出すのは大変なことです。たくさんの商品を検索する必要があるからです。せどりは簡単だけど楽ではない、というのも真実。だから、長くせどりをやると迷いが出る。

もっとよい方法はないか。よいツールはないか。

そうやって迷ったとき、私は原点に戻ることにしています。

「安く買って、高く売ればよい」

そうすると、ハッと目が覚めます。難しく考えると、迷い道から抜けられません。

世の中には、利益が出る商品はたくさんあって、今こうしている間にも生まれ続けています。

せどりをシンプルに考え、前向きに取り組むだけで十分です。そんな、日々の積み重ねが利益につながります。

本書には、そんな原点に立ち返ってシンプルに活動するためのヒントもたくさん詰め込みました。今は講師として生徒への指導が中心ですが、会社員のときに人生に悩み、その中で始めたのがせどりです。

なので、原点とも言える会社員の頃のことを伝えさせてください。

もともとはサラリーマンとして一生を終えるつもりでした。社会に出てから工場勤務や職人を続け、最後の会社に転職したのは35歳です。2人目の子どもも生まれたばかりで、年齢的にもこの会社で頑張るしかないと考えていました。

退職するまでの8年ほどの間に取得した、いくつもの資格がその証拠です。

この業界で取れる資格に片っ端から挑戦し、自分の力でほとんど取りました。

40歳を過ぎてから化学の教科書を勉強し直して、毒物劇物取扱責任者、有機溶剤作業主任者、1級メッキ技能士検定も取得。表面処理に関しては、職業訓練学校で教えることができる指導員の資格も持っています。

当時は自分でも驚くほど仕事と勉強に打ち込みました。通勤しながら参考書を一心不乱に読んで覚えた記憶があります。その会社に骨を埋める覚悟でした。

職人仕事は嫌いではなく、モノを作る毎日は充実していて、会社と仕事に人生を賭けていたと思います。

しかし、それぐらい自分では頑張っていても、ある時期から給料が減ってしまった。

会社の業績が落ちて残業が減った結果、毎月の収入が入社したときの約束条件より下がってしまったのです。

そこで社長に「残業がなくなると生活ができないので、給料を上げてください。資格もこれだけ取得しました」と直談判をしました。

でも返ってきた答えは「おまえだけ特別扱いはできない」。

私としては、ほかの社員が持っていない資格をこれだけ取得している以上、何もないのに特別扱いを要求しているわけではありません。ましてや、会社による業務命令で取得した資格もあります。

悲しいと思うと同時に、**サラリーマンの立場はそういうものかなとも感じました**。結局は、何を言われても会社に頼らなければいけない弱さがある。そこに問題があるのかなと考えました。

人生を変えようと思ったら、自分の腕一本でお金を稼ぐしか、打開策がない。思い切って、自分の立場を変えるしかないと考え始めました。

そして組織に所属するのではなく、副業として選んだのがせどりです。

自分の力で収入を得ることを考えると、世の中全体と自分自身との距離が変わってきます。

会社と従業員という関係から、個人であってもビジネスパートナーという意識の変化です。

会社で仕事をしながら、昼休みにスマホを見ると、売れた！という通知が届いている。

メチャクチャ嬉しかった思い出です。

こうやって自分1人の力でお金を生んでいる。決断して行動してよかった、と心から実感できました。

せどりを始めた翌年には退社して専業に移行。

社会との距離感が、せどりによって一気に変わりました。

それまでは、会社と自分の関係でしか物事を考えることができませんでした。家庭をよくするには、会社で頑張るしかない。その思考にとらわれていたのです。

しかし、自分の腕に稼ぐ力があれば、会社というフィルターを通して社会と向き合う必要はない。ダイレクトに自分が社会と向き合えるようになりました。

昔に比べて、今では考え方の幅がかなり広がっています。

私は〝三方よし〟という言葉が好きです。

「売り手よし」「買い手よし」「世間よし」の3つの「よし」を合わせた商売の考え方です。

近江商人の言葉だと言われています。

商売というのは、売る側が売れて喜び、買う側がほしいものを買えて喜び、さらに社会貢献ができて世間が喜ぶのは最高だ、という意味です。

せどりは、この三方よしそのもののビジネスだと私は感じています。

まずお店で商品を仕入れます。別に安く買い叩くわけではありません。お店側が早く処分したい商品を、そこで提示された金額で購入します。

たとえば、季節外れの商品をいつまでも店内に置いておきたくない売り手は多いでしょう。せどりではその商品を買います。ここで「売り手よし」です。

さらに、その商品をネットに出品して、お客様に買ってもらう。

購入者もそこで提示された金額に納得してほしいものを手にしたので、「買い手よし」です。

もちろん、お金が入ったので、せどりをする我々も「よし」になります。

あえて言えば、ネットショップのあるＡｍａｚｏｎも手数料が入って、商品が動くので、本当は〝四方よし〟かもしれません。

せどりは関わった人が全員プラスになる。そんなイメージを持って取り組んでください。

私の人生を変えてくれたのは、せどりです。自分の判断で仕入れた商品を、自分のショップで売る。このシンプルなビジネスで、利益を得られます。

月に数万円のお小遣い稼ぎはもちろん、会社員のお給料以上を稼ぐことも可能です。中にはその数倍の収入を得ている人もいます。それだけの金額を、誰にも頼らずに自分の腕一本で稼ぐことが可能なんて、夢があると思いませんか。

私の生徒には、会社員のお給料くらいを目標に指導していますが、半年以内で達成する人が多いです。本書を手にしたあなたにも、同じノウハウを紹介していくので楽しみにしてください。

せどりを始めて店舗に行ってみても、最初は利益が出る商品をなかなか見つけることができません。

でも実際には、店舗には利益が出る商品があって、経験者はそれを見つけて仕入れています。

ここには明確な違いがあります。実力の差と言ってもいいでしょう。

商品情報などの知識や下調べの力の違いと思うかもしれませんが、そうではありません。

せどりで稼ぐための考え方を学ぶことで可能になります。本書ではこれを「せどり脳」と呼んでいます。せどり脳が発達したら、お店の攻略法や商品知識は不要なんですよ。

あなたの実力だけで、日本全国どこに行っても、利益商品を見つけることができます。まさにお店の中にお金が落ちている感覚です。

ワクワクしませんか。

では、あなたの地域には伺えませんが、私が得意な同行コンサルのスタートです。

フジップリン

目次

第0章 私のせどりスタイル

第1章 儲かる商品って何だろう

第2章 儲かる商品は「違和感」で探す

第3章 「商品の置かれ方」に違和感を感じる

第8章 その他のヒントと仕入れ判断

【免責】

第0章

私のせどりスタイル

section 01

どこで仕入れるか

私のせどりスタイルをひと言で表すなら「雑食系」です。私が始めた頃、せどりには専門性がありました。おもちゃ、ＣＤやＤＶＤのようなメディア、家電、ホームセンター、ヘルス・ビューティーなどを扱う商品カテゴリーで棲み分けされていたのです。あるいは、ドンキせどりとか、ヤマダ電機せどりのように仕入れる店舗で絞っている人もいました。特定のジャンルや店舗に詳しくならないと稼げない、というイメージです。

しかし、私はジャンルは決めないようにしています。**どんな店舗でも、どんな商品でも扱います。オールジャンルで戦えるのが、せどりの魅力でありメリット**だと考えるからです。ジャンルには旬がありますし、個々の店舗による攻略法は同じ方法論を長く使えず、アップデートし続けなければなりません。

せっかくシンプルなせどりを難しくしたくありません。だから私は、ジャンルを決めず雑食をベースにしています。たくさん検索する泥臭い一面もありますが、行動した分だけ稼げるスタイルでもあります。

仕入れ先は「電脳」と「店舗」の2種類

商品を安く仕入れ、購入者に発送するのが、せどりの仕事です。やることはその2つだけですが、仕入れの占める比重が大きいです。極端なことを言えば、仕入れで失敗してしまえば、売れないか、利益が出ない価格に下げるしかなくなります。ですから、本書は仕入れに関してのノウハウに大きく紙面を割いています。まずは、どこでどうやって仕入れればよいのかを紹介しましょう。

せどりの仕入れには大きく「電脳せどり」と「店舗せどり」の2種類があります。電脳せどりはネットで仕入れるやり方です。たとえば、ネットショップや、ヤフオク!やメルカリなどで商品を探し、仕入れるのです。

● 店舗、商品ジャンルを問わない雑食系のせどり

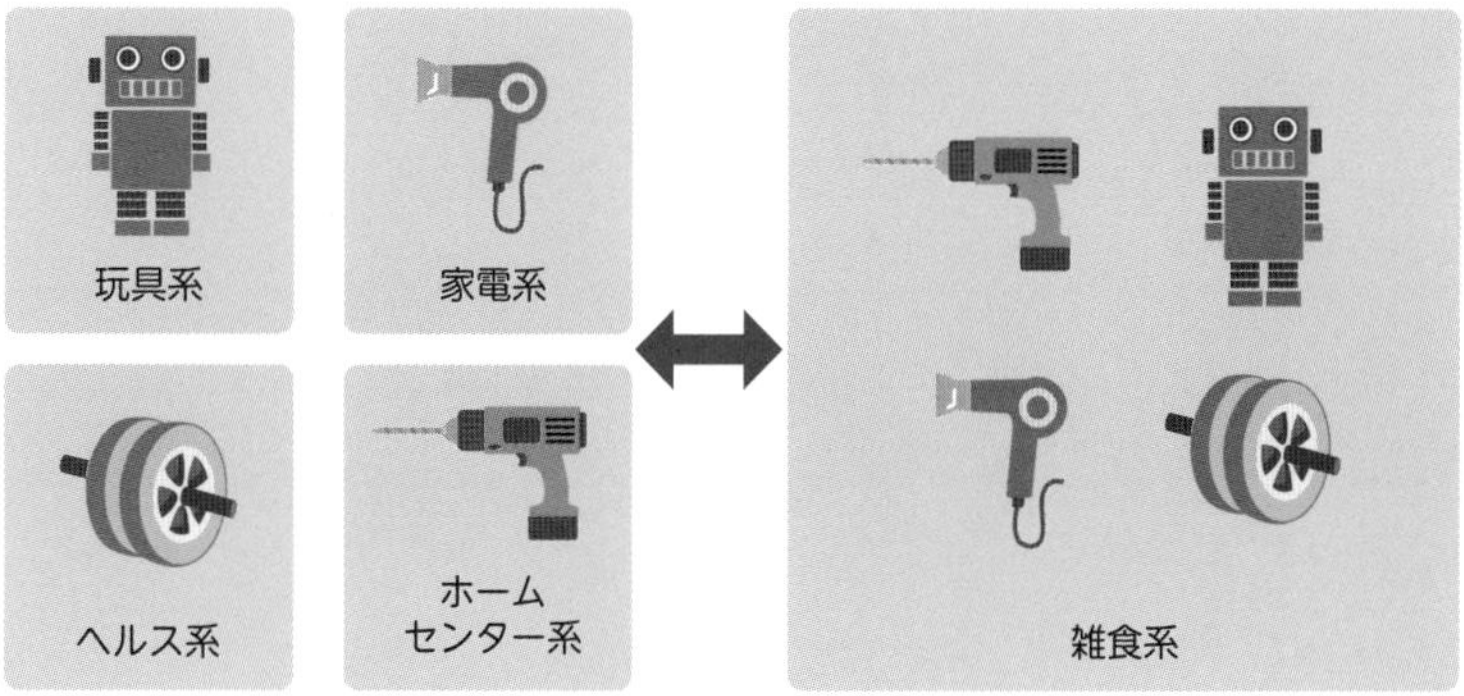

▲専門性のあるせどりでは長期の攻略法が使えず常にアップデートが必要となる。そのため、長く戦えるオールジャンルの「雑食系」せどりを私はオススメしている

私自身は電脳せどりをしていませんし、推奨もしていません。たしかに、いつでもどこでも、自宅に居ながらでも仕入れることができます。しかし便利な反面、誰でもできるわけです。大げさに言えば、日本全国に同じ目的で仕入れている人間、つまりライバルが多い。

しかも、ヤフオク！やメルカリで仕入れた商品は、Ａｍａｚｏｎにおいては「新品」での出品はできません。ガイドラインに定められた「個人調達商品」（個人から仕入れた商品）に当たるからです。

私のやり方は「店舗せどり」

やはり、私は**自分の足を使って商品を探す「店舗せどり」をオススメ**します。その理由はまず、ネットで商品を探すのと違って手間がかかるため、ライバルが少ないから。そして、利益率が高いからです。

ネットと店舗では価格差が生まれるケースがしばしばあり、電脳せどりよりも安く仕入れられて、高く売れるチャンスが多いのです。**店舗せどりで仕入れれば、一般的には売上に対して2～3割、うまくいけば4割以上の利益率も狙えます。**

店舗せどりの対象になる店舗は、あらゆるジャンルと考えてください。私は日本全国の大都市から小さな町まで、どんな店舗でも仕入れに成功しています。だから、自信をもってオススメします。基本的には、量販店があるような地域なら、日本中どこでも店舗せどりができると考えてください。

ホームセンター、家電量販店、ディスカウントショップ、ドラッグストア、スーパー、ショッピングモール、アウトレット、リサイクルショップ、スポーツショップ、ペット用品店、１００円ショップ、自転車販売店、カー・バイク用品店、パソコンショップ、子ども衣料店、釣り具店、ゴルフ用品店……など、まだまだ違うジャンルの店舗も含めて、**どの店舗でもせどりの仕入れは可能**です。

店舗内に入ったらやること

店内に入ったら、どのように仕入れればよいのか。メインの仕事は、スマートフォンの専用アプリで検索することです。その商品がＡｍａｚｏｎではいくらで売れているのかをリサーチしてください。店舗での目の前の販売価格と照らし合わせて、仕入れて利益が出るかどうかを確認するのです。

リサーチはとても簡単です。店頭にあるほとんどの商品にはバーコードが付いてるのは知っていますよね。あのバーコードには、ＪＡＮコードと呼ばれる13桁の数字が印刷されています。そのＪＡＮコードをバーコードリーダーで読み取り、スマートフォンの専用アプリで検索するだけです。

Ａｍａｚｏｎでは、ほぼ過去のデータ通りに売れると考えてかまいません。ですので、その商品がいつ、いくらで、何個売れたのかのデータを見れば、仕入れる前に、売れるか売れないかの判断ができます。売れることがわかっている商品を、必要な数だけ仕入れる。まさに、後出しジャンケンと言ってもよいでしょう。

とはいえ、店頭にあるすべての商品をリサーチするわけにもいきません。どんな商品に目を付け、リサーチ対象にすればよいのか、本書でじっくりと解説していきます。

section 02

どこで販売するか

多くの人が集まるＡｍａｚｏｎ内に自分の店舗を出店する

せどりはネットビジネスなので、仕入れた商品をどこかで販売しなければ利益になりません。そこで、販売先となるネットショップをＷｅｂ上に開設し、購入希望者に見てもらう必要があります。

もし自分でネットショップを立ち上げて、独自のサイトで営業するとしたらどうでしょう。無名の状態からのスタートです。１人でも多くのユーザーに認知してもらうために、ブログやＳＮＳを駆使した宣伝活動が必須になります。商品の仕入れが肝であるせどりで、宣伝活動にも貴重な時間を費やさねばならないわけです。

だから、これからせどりを始める人に**私がオススメする出品先は「Ａｍａｚｏｎ」**（https://www.amazon.co.jp）です。なんといっても、日本のＥＣサイト（エレクトロニックコマース＝電子商取引）ではナンバーワンの利用者数です。インターネットを都市にたとえるなら、Ａｍａ ｚｏｎに出店することは、都市最大の繁華街に店舗をオープンするイメージです。多くの人にあなたのネットショップが見られるチャンスがあるでしょう。

Ａｍａｚｏｎ出品にかかる費用

Ａｍａｚｏｎへの出品にかかる費用は販売手数料と基本料の2つです。

販売手数料は、商品を販売したらその売上から引かれます。割合は売上の約8～15％ですが、実際の店舗運営と比べたら、せどりは家賃も倉庫の費用もかかりません。ネットショップを運営する経費と考えると安すぎると言ってもよいでしょう。

基本料は「小口出品」と「大口出品」のプランに分かれています（https://services.amazon.co.jp/）。しかし、小口出品には制約があり、出品時に1商品ごとの登録が必要など手続きが煩雑です。

せどりをビジネスとして考えるのなら「大口出品」での契約をオススメします。月間登録料として4900円（税別）が発生しますが、2つの大きなメリットがあります。

1つ目は売れやすくなること。大口出品のセラーは自分のショップが表示されやすくなります。つまりお客様がショッピングカートに入れやすいということです。

2つ目は店舗で商品を検索するときに、Ａｍａｚｏｎから正確なデータを提供してもらえること。極端に言えば、小口出品ではデータ量が少ないので、利益の出る商品でも取りこぼしてしまう可能性があるのです。

ほかにも管理面のメリットとして、「一括出品ツール」や「注文管理レポート」などの便利な機能が利用できます。また自由度も高く、出品者独自の配送料金の設定や、お届け日時の指定ができたり、売り手買い手のどちらにもメリットのあるサービスを受けたりすることができます。お小遣い稼ぎでも、お給料以上を目標とする場合でも、本気でせどりをするならば**大口出品にするべき**でしょう。

出店すると言っても、Ａｍａｚｏｎに開設するなら、必要なものは①**メールアドレス**、②**クレジットカード**、③**店舗情報**、④**電話番号**の４つです。メールアドレスやクレジットカードはすでに持っている人も多いでしょう。３番目の店舗情報と言っても「店舗名」「運営責任者」「お客様からの問い合わせ電話番号」です。店舗名は自由に付けることができ、運営責任者は自分の名前を登録します。お客様からの問い合わせ電話番号は、４番目の電話番号と一緒でも大丈夫です。

販売手数料はＡｍａｚｏｎで商品が売れるごとに発生します。Ｋｉｎｄｌｅアクセサリ以外は8～15％になっています。誰でも自分の店舗を持つことができるのです。

section
03

Ａｍａｚｏｎを使う理由①　ＦＢＡの魅力

せどりをするなら欠かせないＡｍａｚｏｎの作業代行サービス

ネットビジネスで販売業を手がけると、日常的に多くの雑務が発生します。発送するための箱の準備や、各商品に合わせての梱包、購入者への宛先の記入、購入者が希望する発送サービスによる発送作業など、1つの商品に関する業務はわりと煩雑です。

起業し、せどりビジネスだけで生活を成り立たせるなら、仕入れは常に必要になります。売る商品がなければ、利益は発生しません。だから、**仕入れ以外のルーティンの作業に割く時間をできるだけ減らすことが重要**になってきます。

そこで強力なサポートになるのが「ＦＢＡ」です。Ａｍａｚｏｎをオススメする理由として「ＦＢＡ」のサービスがあるのは大きいです。毎月、大量の商品を取り扱うせどりでは必要不可欠とも言えるでしょう。ＦＢＡは、正式には「フルフィルメント　ｂｙ　Ａｍａｚｏｎ」(https://services.amazon.co.jp/services/fulfillment-by-amazon.html) と言います。これは

出品者の代わりに、Ａｍａｚｏｎが面倒な作業を代行してくれるサービスです。具体的には、商品のピッキング（棚出し）から梱包、発送、代金請求、そしてアフターフォローや在庫管理まで行ってくれるのです。

ＦＢＡを利用すれば、日常の雑務に割く時間を大幅に削ることができます。また、仕入れた大量の商品を自宅に保管する必要もなくなります。

出品者は、ＡｍａｚｏｎのＦＢＡ倉庫に、自分が仕入れた商品を送るだけでよいのです。あとはＡｍａｚｏｎが商品の保管はもちろん、購入者からの注文処理、配送、あるいは返品に関するやりとりまで一切を代行してくれます。ある意味、せどりを本業とするならＦＢＡなしには成り立たないと言っても過言ではありません。

今でも最大限に活用していますが、副業時代の私もＦＢＡには大いに助けられました。私が会社で働いている最中も、ＦＢＡ倉庫から購入者に商品が続々と送られていたのです。

ＦＢＡなら購入者に選ばれやすくなる

しかも、ＦＢＡのメリットはそれだけにとどまりません。出品者からではなく、Ａｍａｚｏｎ配送センターからの発送になるため、購入者の信頼度や安心感も高くなります。

さらにお客様の購入率がUPする要素として「お急ぎ便」に対応していることも挙げられます。これは、注文した当日か、翌日に商品が届くサービスです。

FBAサービスは、Amazonの出品アカウントを作成するだけで利用できます。大口／小口出品に関する費用以外には、初期費用や月額費用はかかりません。発生する主な費用は、商品の出荷、梱包、Amazonの倉庫での商品の保管、管理にかかる在庫保管手数料になります。これらはそれぞれ1商品ごとに発生し、商品サイズや重さによって手数料は異なっています。

そして、配送代行手数料もかかります。どこの地域に住んでいても日本全国一律料金で、商品の重さ、大きさなどによって、小型、標準、大型のいずれかのサイズ帯に区分されます。

これらの手数料がかかるとしても、そのメリットは計り知れません。**せどりにFBAは必須と言える**でしょう。

● FBAが行ってくれること

業務効率化

- 商品の保管、受注管理、配送の対応
- 商品配送後の問合せや返品対応の代行
- 購入者からのギフトラッピング、ギフトメッセージに無料対応
- 休日、祝日や繁忙期など急な需要増でも購入者のもとへ安定して配送が可能

販売の訴求

- Amazonプライム対象商品として販売が可能
- Amazon内の検索で上位表示されやすくなる
- ショッピングカートを獲得しやすくなる
- 通常配送無料が適用される
- 当日お急ぎ便、お急ぎ便、お届け日時指定便に対応し、最短のお届け日が表示されるようになる

section 04

Ａｍａｚｏｎを使う理由② 売れ行きを予測できる

検索ツールで過去のＡｍａｚｏｎ販売データが丸わかり

Ａｍａｚｏｎで売るなら、商品の売れ行きは事前に予測することができます。もっと言うと、**予測通りに売れることがわかっている商品だけを仕入れます。**後出しジャンケンを毎回しているイメージを持ってください。当然、ジャンケンなら勝てますし、せどりなら利益を出すことができます。

これは、販売先にＡｍａｚｏｎを使うからです。メルカリやヤフオク！、ヤフーショッピングや楽天では、Ａｍａｚｏｎのように正確に売れ行きを予測することはできません。

店頭で商品を仕入れる際、Ａｍａｚｏｎで過去にどれだけ売れているかをリサーチすることが重要だと説明しました。これができるのは、便利な「検索ツール」があるからです。

とても優秀な検索ツールに「モノレート」というサイトがありました。モノレートを閲覧すれば、Ａｍａｚｏｎにおける過去の商品の売れ行きに関するデータを把握することができるので

す。しかも無料です。

ところが、このモノレートは、２０２０年6月30日をもってサイトが閉鎖され、サービスが終了してしまいました。

モノレートを読みこなすことが、せどりの仕入れ判断と言っても過言ではないくらい、とても正確で信頼できるものでした。この閉鎖はせどり界には大きな変化です。


しかし、**代替サービスはもちろんあります**のでご安心ください。


ここで、検索ツールについての考え方を解説しておきます。モノレートの閉鎖によって、今後は検索ツール選びが必要になっていくからです。

検索ツールの役割は、売れる可能性を調べることです。たとえば３千円で販売したら月に5個売れる、という予測を立てるために使います。

検索ツールの優劣は、データの多さ、見やすさ、つまり使いやすさで決まります。

具体的にはランキング順位、販売価格、新品出品者数、中古出品者数、そのデータの調査日です。

とくにランキング順位のグラフは売れ行きを視覚化してくれるので、とても大切な情報になります。また、調査日はできるだけ細かくて、過去までさかのぼれたほうが深い仕入れ判断に使えます。

私は、現状の検索ツールでは「Ｋｅｅｐａ」（https://keepa.com/）の有料版をオススメします。オススメ理由は、このあとで解説する「せどりアプリ」との相性のよさと、データの正確さにあります。しかしＫｅｅｐａは月額で15ユーロ（約2千円）かかります。

今後、同じ価格でも機能が上だったり、無料の検索ツールが登場する可能性もあります。そのときでも検索ツールの役割を理解して最善のものを選びましょう。

せどりアプリを組み合わせる

検索ツールのほか、せどりアプリも必要です。**商品検索は、せどりアプリを利用して行います。**

せどりアプリはＭＷＳ－ＡＰＩを設定できるタイプを必ず使ってください。ＭＷＳ－ＡＰＩとは、簡単に言うとあなたのショップデータをＡｍａｚｏｎから引き出してくれる、ＩＤとパスワードみたいなものです。これを設定しないと、せっかく検索しても、せどりアプリにデータが表示されなかったり利益商品を取りこぼしたりすることになります。

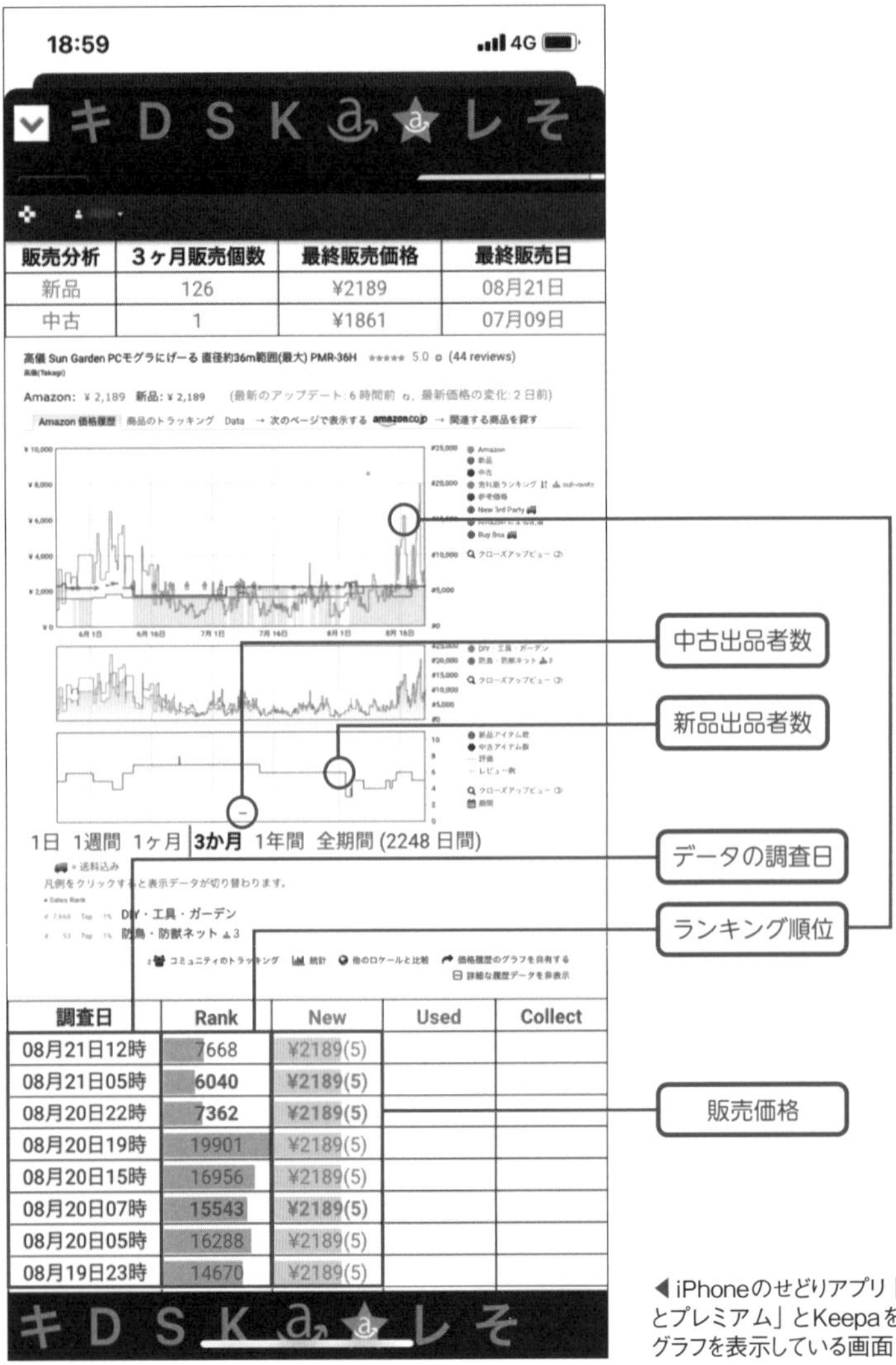

◀iPhoneのせどりアプリ「せどりすとプレミアム」とKeepaを連携し、グラフを表示している画面

ＭＷＳ-ＡＰＩを設定できる、せどりアプリは限られています。

ｉＰｈｏｎｅでは「せどりすとプレミアム（有料月額5千円税別）」と「アマコード（無料で利用可能、有料版アマコードプロは月額４９８０円税込）」、Ａｎｄｒｏｉｄでは「せどろいど（無料で利用可能、有料版は月額5千円税別）」です。

せどりアプリと検索ツールを組み合わせて、店舗せどりの1つの道具になります。オススメはｉＰｈｏｎｅの「せどりすとプレミアム」。**月額料金はかかりますが、それだけの価値があると考えてください**。そこにＫｅｅｐａのような有料の検索ツールの料金もかかってきますが、これは無料のものも登場するかもしれません。

売れ行きを予測できるのはＡｍａｚｏｎだけと言いました。ほかのビジネスで考えるなら、ここまで予測するためにはデータ収集や経験、分析が必要になるでしょう。

この優位性は常に意識してください。せどりを始めてしまうと、当たり前になってしまって、この優位性を忘れてしまう人がほとんどです。

この環境に感謝する気持ちは、せどりを続けていく上でとても役に立ちます。

section 05

せどり道具の紹介

少額の初期投資でスタートできる

脱サラした私は、せどりを専業のビジネスとして独立したと書きました。ビジネス起業といえば、準備資金や設備投資が必要です。しかし、せどりは驚くほど少額で、場合によっては初期投資ゼロで開業することも可能です。

絶対に用意すべきアイテムは**スマートフォン**、**パソコン**、**プリンター**、**メールアドレス**、**クレジットカード**の5点です。とりあえず、これだけあれば開業できます。現在、すでに揃っている人なら初期投資はかからないと言えるでしょう。

私はｉＰｈｏｎｅを使って店内で商品の検索をしたり、Ａｍａｚｏｎや購入者との連絡をしたりしています。ｉＰｈｏｎｅを選んだのはせどりアプリとの相性を考えてのことですが、使えるアプリが限定されますがＡｎｄｒｏｉｄのスマートフォンでもかまいません。

パソコンはハイスペックである必要はありません。普通にネット検索ができれば大丈夫です。

使用目的は、Ａｍａｚｏｎに商品を登録したり、発送の伝票を作成したりするレベルの作業だからです。

プリンターも高性能でなくて十分です。カラー印刷は使わないので、白黒の黒インクだけで印刷できる機種で問題ありません。

メールアドレスは、プロバイダーや携帯電話会社の契約解除で使用不可になるリスクを考えれば、無料のＧｍａｉｌが最適でしょう。1人で複数のアドレスの作成もできます。プライベートと分け、せどり専用のＧｍａｉｌアドレスを用意してください。

クレジットカードは、Ａｍａｚｏｎに自分の店舗を開設するときの本人確認で必要ですし、仕入れをする際にも役立ちます。

ここまでは必須アイテムですが、もし、資金に余裕があるのなら**バーコードリーダーの購入をオススメします**。赤い光を出すことから、せどり業界では通称「ビーム」と呼ばれています。ビームは店舗で商品のＪＡＮコードを高速で読み取ってくれるので、これがあるだけで商品の検索スピードは格段に上がります。

店内で大量の商品の検索を済ませるには、スピードがものを言います。その速度が、仕入れのスピードに比例し、利益に直結するからです。ビームは小型で手の中に納まるので、店内での検索作業が目立たないというメリットもあります。

私はプロなので、店員さんやほかのお客にわからないように検索するのが、店内でのマナーだと思っています。もちろん、商品にキズを付けたり、万引きをしたり悪いことをしているわけではありませんが、嫌がる店員さんもいるでしょうし、わからないようにしたほうがスマートです。

私の場合は、ビームとＢｌｕｅｔｏｏｔｈイヤホンを併用しているので目立ちません。手のひらに納めたビームで商品のＪＡＮコードをすばやく読み取り、情報を音声で読み上げしてイヤホンから聴いています。このやり方だと、隣にせどり同業者がいても気づかれません。このさり気なさこそが、せどりのプロとしての立ち居振る舞いだと思っています。わざわざ見せるようにやる必要はありません。わからないようにするのもエチケットです。

ビームは価格が約３万円と高価なのがネックではありますが、**本気で店舗せどりをするのなら、真剣に購入を検討してみてください。**

● **せどりのプロは検索を目立たせない**

◀私が実際に利用しているバーコードリーダー、KDC200iと日本語対応版のKDC200iM。Bluetoothイヤホンと連携させて、目立つことなく検索している

第1章

儲かる商品って何だろう

section 06

儲かるのは需要と供給が崩れた商品

儲かる商品のメカニズムは3パターン

せどりの仕事は「安く買って、高く売ること」なので、まず商品を安く仕入れることが前提です。基本的に店頭価格が安い商品を見つけ、ネットで高く売る。その差がせどりの利益になります。

しかし、この「店頭価格がネットより安い商品」を見つけるのが楽ではありません。

なぜなら、**世の中の約95%の商品はＡｍａｚｏｎの価格のほうが安い**からです。儲かる商品を探そうと片っ端から調べてみると、その事実を知ってビックリします。この商品ならイケるだろうと期待しても、ほとんど裏切られますから。店舗に足を運んで、いろいろなジャンルの商品をどんなにリサーチしてもＡｍａｚｏｎのほうが安いものばかりです。

私はせどりを始めたばかりの時期に、あまりに仕入れる商品がなくて、家電売り場で立ち尽くした苦い経験があります。つまり、なんの工夫もしなければ、利益の出る商品が見つからないのは当然ということです。

しかし、せどりのプロは商品を見つけ、コンスタントに利益を出しています。つまり、売れる商品は確実に世の中にある。要は、その商品をどうやって見つければよいのかが問題です。せどりは簡単と言っても、テキトーに探せばＡｍａｚｏｎ価格のほうが安くて当たり前というわけです。

そんな中、悩み、人から教えを受け、考えた末、私はある結論に達しました。**需要と供給のバランスが崩れた商品は、店頭価格のほうが安くなる**、という結論です。

バランスが崩れる要因としては、季節の移り変わり、新旧商品の切り替え、生産数の減少、希少性などが挙げられます。それらの要因の影響で、店頭とＡｍａｚｏｎの間に価格差が生まれ、利益の出る商品が生まれてきます。

需要と供給が崩れた商品にはどのようなパターンがあるのでしょうか。次ページに図で示しました。利益が出るのは、パターン１「安売り商品」、パターン２「プレ値《ち》商品」、そして１と２の複合パターンしかありません。せどりの基本は安い商品を探すことから始まります。売値から仕入れ値と諸経費を引いた金額が利益です。そのために必要なのは、需要と供給が崩れた商品です。それらがどうして生まれるかのメカニズムを扇風機を例にとって説明しましょう。

● 利益が出るのは３パターンのみ。いずれも需要と供給が崩れた商品

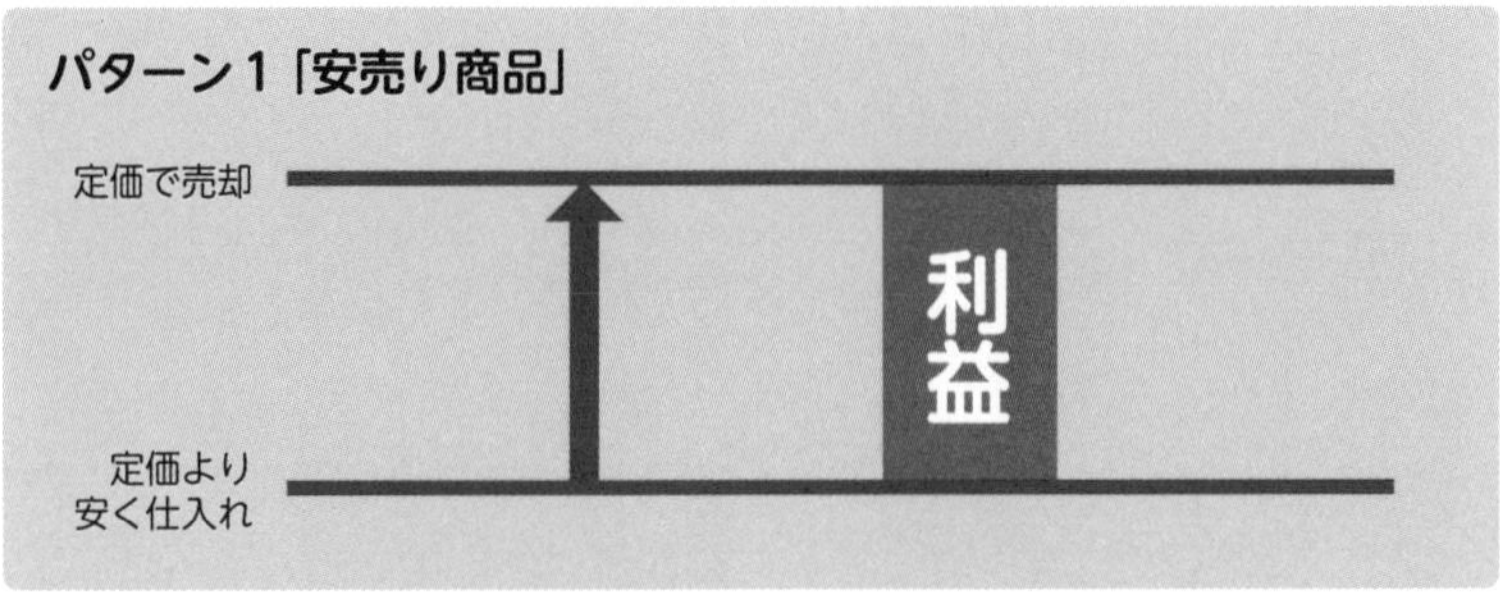

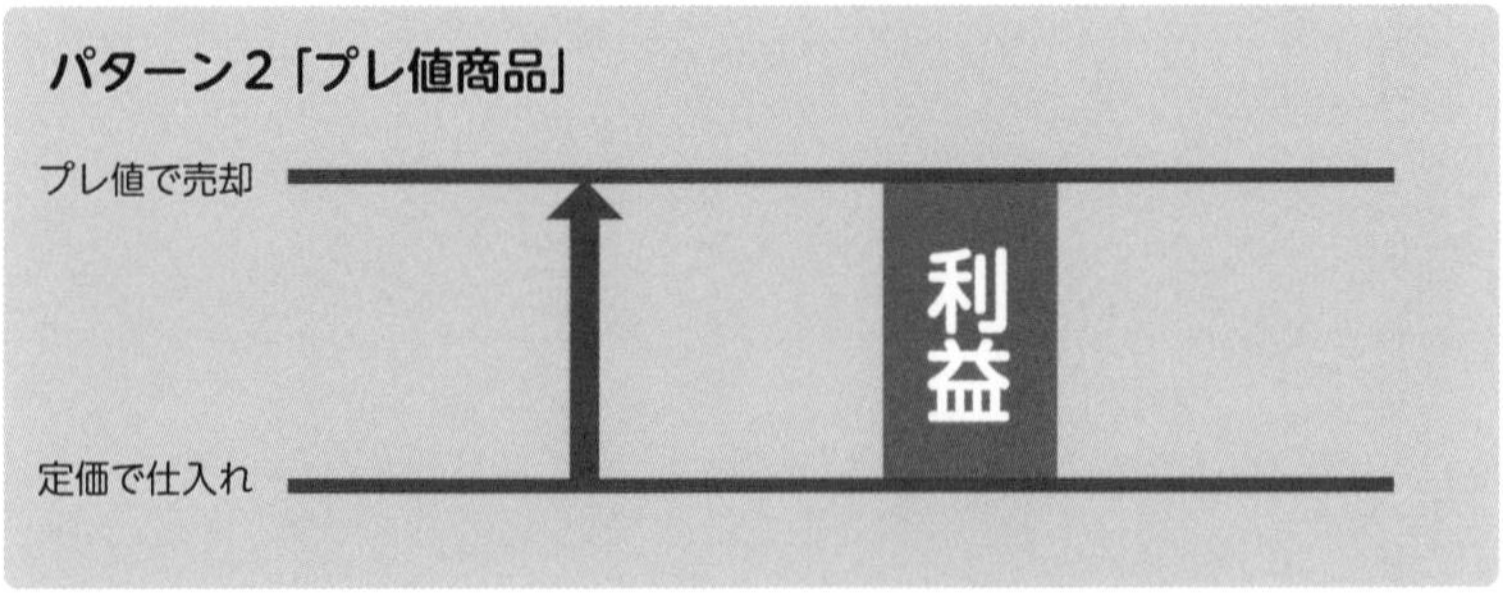

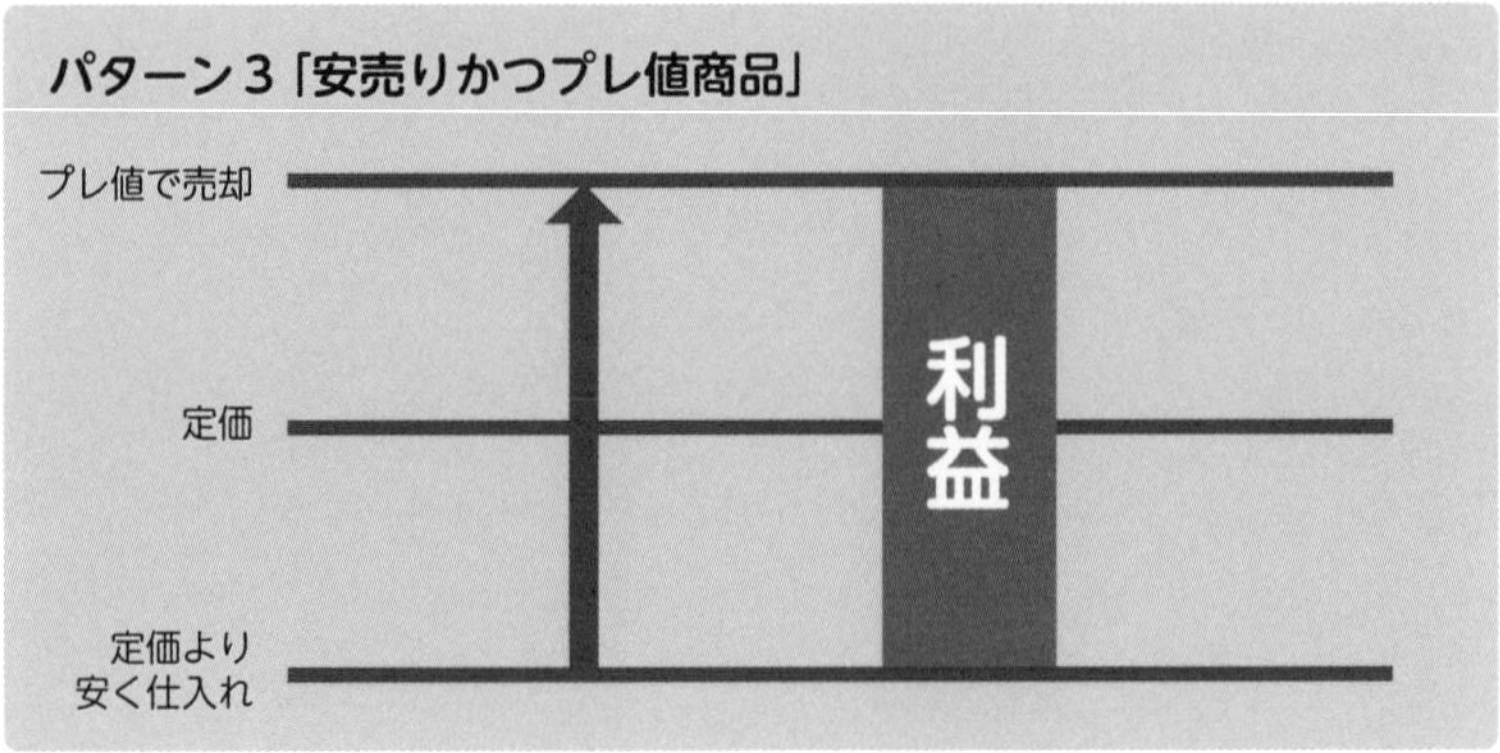

扇風機には大型から壁掛け型、ＵＳＢファンのような小さいタイプまで、さまざまな種類がありますが、毎年何月から売れると思いますか？

季節の商品は、そのシーズンのずっと前から売り出されます。扇風機で言えば、暖かくなってから使うだろうと考えて7月に売ろうとすると、店舗では商機を逃します。基本的には5月ぐらいから店頭に並び始めます。もうそれくらいの時期には需要が生まれて、商品の人気が出てくるのです。店舗側もメイン商品として扱うので、6月にはほとんどの店舗に扇風機のコーナーが設置されているのがイメージできるでしょう。

とはいえ、よほどの人気アイテムが出て、Ａｍａｚｏｎで品薄にならない限り、この時期に扇風機を仕入れたりはしません。**まだ需要と供給がマッチしているため、バランスが崩れていないから**です。この時期に参入しても、せどりでは利益が出ません。

需要と供給が崩れるパターン1「安売り商品」

ではいつから店頭で需要と供給が崩れるのかといえば、7月頃です。意外に思う人も多いかもしれません。夏に入ったばかりの時期に、なぜ需給バランスが崩れてしまうのか。

それは、店頭商売は、基本的に「先取り」だからです。言うまでもなく、7月は暑いので扇風機が必要です。暑さが長引く年なら10月ぐらいまでほしい人はいます。だから、扇風機は売れるのです。にもかかわらず、店舗では扇風機を7月にはメイン売場から徐々に撤退させていきます。なぜなら、その時期にはもう秋のアイテムを売り出したいからです。暑いからと、いつまでも夏のものを売っていれば、秋物アイテムの商機を逃してしまいます。店舗では夏物アイテムは一刻も早く処分したい。さっさと売り切りたいので、値段を下げます。

メーカーの考えも同じです。8月にはもう扇風機の販売促進には力を入れません。だから、需要と供給のバランスが崩れるのです。

暑いので、ユーザーは扇風機がほしい。しかし、市場への商品の供給は十分ではありません。商品の減少は、Ａｍａｚｏｎにおける扇風機の価格を上げていきます。これこそが需要と供給のバランスが崩れた例です。季節の変わり目に、店舗が処分のために安売りを始めるだけでも、せどりで利益を出せるようになってきます。**安売りしているものを仕入れ、Ａｍａｚｏｎで定価で売るだけで利益を得られる**のです。

需要と供給が崩れるパターン2「プレ値商品」

パターン1の状態が進んでいくと、扇風機がほしい人の数よりも商品数がさらに足りなくなってきます。あるいは、人気アイテムも出てきます。どんな扇風機でもよいのではなく、この型番の扇風機がほしいという人が増えます。そして定価以上の金額を出しても買いたいという市場が生まれます。これが俗にいう**「プレミアム値段＝プレ値《ち》」**です。

プレ値の商品を仕入れられれば、利益幅は上がります。この商品は、市場の品薄で生まれることもあれば、ユーザー間での人気上昇で生まれる場合もあります。いずれにせよ、**プレ値の商品は、定価で仕入れても、利益が出る**嬉しい存在です。

需要と供給が崩れるパターン3「安売りかつプレ値商品」

パターン3は、1と2の複合パターンです。つまり、定価以下で仕入れられる商品がＡｍａｚｏｎではプレ値で売れる、というせどりとして理想の状態です。**安く買って、プレ値で売り抜ける**、これはまさにせどり冥利に尽きると言ってもよいでしょう。

以上、3つの「儲かる商品」のメカニズムを頭に入れてください。利益が出るのはこの3つのパターンしかありません。

section 07

「供給不足」で儲かる例

オフシーズン商品と廃番商品が代表的

需要と供給のバランスが崩れた商品を扱うと、利益が出しやすいです。

ここで、誤解をしないでください。扇風機の例を出しましたが、扇風機を安く仕入れられたからといって、その年の7月、8月に必ず売り切らなければならないわけではありません。

せどりの世界では、一旦安く仕入れれば、商機はいくらでもあります。つまり、その年のシーズンにしか売れないというわけではないのです。

たとえば、夏の扇風機に限らず、冬のヒーターや電気毛布など、使用する季節が限られているように感じる商品でも、1年中売れると考えてください。なぜなら**オンシーズン以外は、常に供給不足になる**からです。

ネットには全国にユーザーがいます。だから、季節の寒暖差もそれぞれの地域によって違います。リアルな店舗では商品を置けるスペースに限りがあり、そのエリアのお客を中心に相手にし

ているため、季節が移れば、さっさと売り切りたい商品が出てきます。冬に扇風機を何台も置いておくのは回転率がよくありません。

しかし、扇風機やカキ氷製造機、流しそうめんの道具は、Ａｍａｚｏｎなら真冬でも売れます。日本全国のどこかにほしい人がいるからです。つまり、供給不足はせどりの世界では1年中、あらゆる場面で起きているということ。現行商品であってもネット上では、限定的に品枯れ状態になっているケースがあります。そうなれば、定価以下で仕入れて、プレ値で売れるパターンになります。

さらにもう1つ、供給不足から利益が生まれる商品があります。それは廃番商品です。つまり、もう**メーカーが生産していない商品（生産終了品）**です。廃番商品には「廃止されてしまった機能がどうしても必要」「長年使っているので安心して使える」といったニーズがあります。

このような廃番商品は、意識して調べないとどれが該当商品なのかがわかりません。しかし、メーカーのカタログやホームページを見れば、生産終了かどうかをリサーチすることができます。これは扱うライバルが少ないのでチャンスです。

店舗はすでに廃番になった商品を、いつまでも置いておきたくありません。早めに処分したいので、安売りしている場合も多いです。

供給不足の商品は儲けるチャンスだと意識してください。

section 08

「需要過多」で儲かる例

「需要過多」は高値で売れるが、ライバルも多いので注意が必要

前のページで説明した「供給不足」の反対で儲かるパターンは「需要過多」です。

つまり、**世の中にその商品がほしいという人が急激に増えると、商品の価格は跳ね上がります。**たとえば、新発売のゲームソフトの人気が上昇し、Ａｍａｚｏｎに出回らない場合があります。それは需要が高まったため、予想していた生産量の在庫では追いつかなくなったのです。

あるいは、**普通の商品の需要が突然高まるケース**もあります。最近ではオフィスがテレワークを推進し、ネット会議が増えたため、Ｗｅｂカメラやヘッドセットがよく売れました。Ａｍａｚｏｎなどネットでも入手しづらい状況が生まれたのです。また冷夏の年は、電気ひざかけやホットカーペットなど暖房器具の需要が高まります。

今、何の商品の需要が高まっているか。あるいは、今後高まりそうか。それを知るにはニュー

スに敏感である必要があります。世の中の動きを先読みすることによって、需要の高まる商品を予測していくのです。

だからこそ、需要過多で儲けようとすると、ライバルは増えます。全国各地のせどり同業者も同じ予測をして商品を仕入れようとするため、目的はかち合ってしまいます。

需要過多で着実に儲けるには、ライバルより早く動き始めることが必要になります。そのためには、他人よりも一歩抜き出た先読みのセンスが問われると思います。

● 需要過多で儲けるのは難しい

▲全国各地のせどり同業者も同じように仕入れようとしているため、需要過多で儲けるのは余程の先読みセンスがないと難しい

section
09

儲かる商品は常に生まれている

誰が、いつ、儲かる商品を生んでいるのか

ここでは店舗で儲かる商品が生まれるメカニズムを紹介します。

儲かる商品は自然発生しているわけではありません。誰かが商品に値付けをしたり、陳列場所を動かしたり、ワゴンを作ったりするからこそ、儲かる商品が生まれるのです。つまり、**売り場責任者が儲かる商品を生み出します**。

売り場責任者の判断と指示によって、儲かる商品は発生しています。

そのフロアの責任者が、値段を下げます。この商品は処分品にする、と責任者が決めるのです。どんな店舗でも、新商品が次々に入ってきます。当然ながら、その時期に売れる商品をベストポジション、一番よい位置に置きたいものです。そのためには、古い商品は早めに売り場からなくしてしまいたい。あぶれた商品は安くなります。処分品やワゴンに移動する商品もあれば、値下げシールを貼られる商品も出てきます。

それこそが、せどりでは儲かる商品になります。

せどりをビジネスとして考えれば、儲かる商品がいつ生まれるのかに興味が出てくるはずです。いわば需要と供給のバランスの崩れた商品に対して、出来立てホヤホヤの状態で、次々にゲットしていけば仕入れはラクになります。

スーパーのお弁当やお惣菜に半額シールが貼られることがありますが、それらは決められた時間に貼られているケースが多いことはご存知の通りです。今まで2割引だった商品が、目の前で半額商品に生まれ変わるため、その瞬間を待ち構えているお客がいることもよくあります。

しかし、せどりのアイテムは賞味期限の近い食べ物ではありません。

となると、一般的にイメージしやすいのは、朝イチの時間帯でしょうか。たしかに、前日までに売れ残った商品を処分するなら、そのパターンになるでしょう。しかし、その時間帯にすべての儲かるアイテムが生まれているわけではありません。

私の経験上、**時間は関係ありません**。

売り場責任者がスタッフに「値札を貼り換えて」と指示するのは決まった時間ではないようです。基本的には店舗によります。閉店間際の遅い時間や朝などとローテーションが決まっている店舗もあるかもしれません。しかし、決まってない店舗が多いです。

あえて言うなら、儲かる商品が生まれるのは、お客が空いてる時間帯です。商品の入れ替えや、棚の移動をお客が混んでる時間帯にはやりません。接客業務が少ない時間に、売り場責任者が「ワゴンを作ってしまおう」「値札を貼り換えよう」と指示するのでしょう。

私の経験でも、会計を済ませたあと、新しく処分品のワゴンができていることは珍しくありません。だから、**常に儲かる商品は生まれているという意識**を忘れないでください。あなたが店内にいる間も、湧き水のごとく生まれている可能性があります。あのワゴンは入店直後に見たからもうない、とあきらめてはいけません。もしかしたら、あなたが店内を1周している間に、新たなアイテムが追加されているかもしれないのです。

● 儲かる商品、湧き水のごとく

▲店内１周後や会計後に新たに儲かるアイテムが生まれている可能性がある。１度見たからといって２度は見ないというのはもったいない

第2章

儲かる商品は「違和感」で探す

section 10

需要と供給の崩れは「違和感」として現れる

「違和感」を見つけることができれば利益が出せる

これから紹介するのは、私がプロとして、せどりで活動するベースを支えてくれているノウハウです。この見方を身に付ければ、何千何万と店頭に並ぶ商品群の中から、Ａｍａｚｏｎで利益の出る商品をピンポイントで発見することができます。それは、「**違和感**」です。

まだ何のことかわからないかもしれません。まずは私のせどりのバックグラウンドから説明させてください。それがまさに現在の「違和感せどり」に直結しているからです。

せどりを始めた翌年に独立したとお話ししました。独立といえば聞こえはよいですが、実は、せどり専業で毎月生活できるだけの収入があったわけではありませんでした。正直にいえば、当時会社の業績によって減ってしまった残業代の補てんには十分な金額レベルでした。ただサラリーマンとして働いていた時間をせどりの仕事に注ぎ込めば、もっと収入はアップするだろうと

いう、ぼんやりとした希望と算段で独立を決意しました。

しかし、現実は厳しいものでした……。最初はサラリーマン時代の収入となんとか同レベル。意気揚々とせどり専業になりましたが、日々の収穫には波があります。これでは独立した意味がない。副業時代は宝探しをしているようで楽しかったです。しかし、家族の生活が仕入れ1つにかかってくるとなれば話が違ってきます。そのプレッシャーは想像以上でした。

もともと私のせどりは、得意なジャンルがあるわけではありません。オタク的な知識に詳しいわけではなく、家電商品に詳しいわけでもない、いわばノンジャンルせどりです。

周囲のせどり仲間がうらやましく思えていた時期もあります。当時はみんなCD、ゲーム、おもちゃなど得意ジャンルがありました。

実は、私も家電せどり専門になろうと思った時期があります。まだ独立前で、退社するとすぐに池袋や新橋、秋葉原の家電量販店を回りました。毎日行くから、店員さんに顔を覚えられたと思います。新橋のある店舗には、「店長決算」という値下げ札が貼られたルーターが夕方になるといつも置いてありました。この商品は必ず利益が出せるため、私が毎回全部買っていました。しかも、30分もすると、また「店長決算」がルーターに貼られています。こうして、新たな値下げ商品をまた買って稼ぐのくり返しをして利益を上げていました。こんな商品や店舗がいくつかあったと思います。

それでも独立したあとには家電にこだわらなくなりました。効率はよかったのですが、それほどの利益が取れなくなってきたからです。ほかの商品でもせどりができなければいけません。プロになれば、同じせどり仲間がいます。たまには「あの店舗に掘り出し物があるよ」など彼らからの情報が入ってきますが、毎回頼るわけにはいきませんから。

とにかく儲かる商品を自分の力で探せるようにならなければ、せどりで生きていくことはできません。必死で考え、取り組みました。仮説を立て、実践して検証してみて、うまくいったら取り入れていく。試行錯誤のくり返しです。1つのジャンルで通用するノウハウでは決定力に欠けます。1つの店舗、1つのチェーン店だけで通じるテクニックでもダメなのです。日本全国のどんな店舗でも、オールジャンルの商品に活かせるせどり術でなければ意味がありません。

店舗内に入ったらあらゆる「違和感」を探す

そこで掘り下げたのが、違和感です。私が見つけた独自のセオリーです。とにかく、店内に入ったら、違和感を察知します。違和感のある商品、違和感のあるコーナー、違和感のある売り方……などなんでもよいので自分で感じることです。その**違和感こそが、どんな店舗に入っても、利益が出る商品に辿り着く近道**です。

なぜなら、**需要と供給の崩れた商品を表す目印が違和感**だからです。前章で需要と供給のバランスが崩れた商品は、利益が出やすいと説明しました。これらの商品はワゴンや、処分品コーナーに集まることが多いです。

せどりのセオリーとしてもともと、「ワゴンを見る」、「安売り品を探す」はベーシックな探し方です。しかし、そのやり方だけでは足りません。みんなが同じ行為をしていますし、そこだけを見るならすぐに終わってしまいます。何店舗を回っても、それだけでは生活する収入には足りません。

そこで生きていくために、私が見つけ、技術として磨いたのが「違和感せどり」です。

ワゴンや処分品コーナーに利益が出る商品がなかった場合でも、「この店舗には何もない」とあきらめずに、もうひと回りします。

違和感を探しながら店内をチェックしていくと、「普通とは違う値付け」「普通とは違う陳列」「普通とは違う商品」が多く目に付くようになりました。

何かおかしいなと感じる度に検索をしてみたら、それらの商品は、需要と供給のバランスが崩れた商品、つまりＡｍａｚｏｎで儲かる商品の比率が非常に高かったというわけです。

なぜ、そうなるのかといえば、店舗が早く売りたがっている商品だからこそでしょう。早く店頭から処分したいので、どうしても普通の売り方からズレが生じます。ワゴンや処分品コーナーに置いていなくても、定価より極端に安い値段になっていたりします。これが、儲けるチャンスとしてせどり対象になります。

私もワゴンや処分品コーナーは見ますが、それだけでは十分な量の商品は仕入れられません。店内をよく見て歩けば、通常の棚にも違和感をたくさん見つけられます。

一例を挙げましょう。ある総合スーパーの照明器具売り場に行きました。ほかのせどりをしているライバルがなかなか入ってこない場所でも、私は入って検索します。ふと、棚に並ぶ商品の中の１つの段ボールに違和感を抱きました。ほかの商品には「２４８０円」などの端数のある値付けをしているのに、その段ボールだけ「１０００円」というキリのよい金額でした。卓上ＬＥＤライトです。早速、検索してみると、Ａｍａｚｏｎでは「５５００円」で売れることがわかりました。売れ行きも悪くありません。しかし、この店舗においては、売れなくて困っている処分品扱いだったのです。もちろん仕入れて５５００円で売り、儲けを出しました。

言うまでもありませんが、私に照明器具の商品知識はありません。それでも、違和感せどりで通常の棚から数千円の儲けを出す卓上ＬＥＤライトを仕入れられるのです。

このノウハウがあれば、**1つのジャンルにこだわらず、どの店舗のどのコーナーからでも儲かる商品を仕入れられるようになる**はずです。

● 店内で「違和感」を覚えたら儲かる商品の可能性あり

▲手帳が10円。一刻も早く売りたい商品がワゴンセールではなく、棚で投げ売りされている例

▲棚での販売ではあるが、明らかにほかの商品とは異なる陳列で販売されている例

section 11

「違和感」を察知するために固定観念をリセットする①

違和感を探すことは、儲かる商品へと辿り着く近道です。しかし、大事なことなので何度でもくり返します。世の中の95％の商品は、店舗販売よりもＡｍａｚｏｎのほうが安いです。

せどりは簡単に始められますが、**利益を出し続けることは楽ではありません。**

私は最初、独学で始めました。しかし、自分の考えでは全然うまくいきませんでした。店舗に仕入れに行っても、調べる商品は、全部Ａｍａｚｏｎが安い。価格差なんかない。家電量販店の大きなフロアでＡｍａｚｏｎのほうが安い商品に囲まれて、途方に暮れました。

そこで、せどりコンサルタントの先生に同行コンサル（仕入れに同行してもらい、アドバイスを受けること）をお願いしました。教わったのは大阪の先生です。当時はお金がなかったため、首都圏から夜行バスで大阪まで行きました。

都内にも多くのせどりコンサルタントがいるのに、なぜ大阪に行ったのか？

その先生は、先生自身が初めての同行コンサルだったため、料金が非常にリーズナブルだったからです。

結果的に多くを学ぶことができました。その先生はブックオフで古本などが得意ジャンルだったので、現在の私とは違います。

しかし、コンサルを受けたことで、店舗で販売している商品でもＡｍａｚｏｎより安い商品があり、価格差があり、利益が出る商品があるのだと実感しました。また、Ａｍａｚｏｎのしくみを教えてもらったこともよい勉強になりました。

百円で仕入れた本でも、コンディション次第では千円以上でもＡｍａｚｏｎで売れるとわかったのです。ＦＢＡに送れば、もう少し高く値段が付く場合もある。仮に自己発送の売り手ばかりがライバルなら、こちらが高くても売れると知りました。初めてビジネスとしてのせどりが見えてきたのです。

Ａｍａｚｏｎの価格より安く売っている商品を仕入れればそれでよしではありません。実際に販売する場合はＡｍａｚｏｎの手数料などのコストが引かれるので、店舗で安く売っている処分品であっても検索したら利益が出ない場合もたくさんあります。

商品1つにつき、Ａｍａｚｏｎの手数料は8～15％ぐらいがかかります。Ａｍａｚｏｎの公式アプリ「Ａｍａｚｏｎ Ｓｅｌｌｅｒ」を使えば、その商品を売った場合にいくら入金されるか正確にわかるので便利です。

だから、**単純にＡｍａｚｏｎより安く売っている5％の商品を探せばよいという話ではない**のです。ちなみに5％という数字はザックリした個人的な数字です（笑）。

店舗の中で何かの理由で値段を下げていても、調べたらＡｍａｚｏｎのほうが安い場合は珍しくありません。それぐらいほとんどの商品はＡｍａｚｏｎのほうが安いです。

何の戦略もなしにせどりをしていたら効率は悪い。せどりが楽ではない、というのはそういう意味です。そこで、**固定観念をリセットして「せどり脳」に切り替えましょう。**

今まで生きてきた普通の思考を一般脳とするなら、せどりのための思考をする脳を、私は勝手にせどり脳と呼んでいます。まずは**常識的な考えをリセットしなければ、売れる商品はもとより、違和感も見つかりません。**

常識的な固定観念をリセットして儲かるか判断する

たとえば、手帳はいつまで売れると思いますか？　その年のカレンダーが付いていて、予定やスケジュールを書きこめるタイプの手帳です。

答えは、1年中売れる、です。1月スタートの手帳は年末年始にしか売れないとか、4月スタートの手帳は4月までしか売れないと思うのは、一般脳の先入観です。

間違いなく1年中売れます。しかも、高く売れるのです。時期が過ぎれば、Ａｍａｚｏｎに出品される新品の数は激減します。

ところが、使いたい人、買いたい人は通年で存在する。仮に10月になって、今年はあと2ヶ月しかない時期であっても、需要はあります。使いたい人は、今年のカレンダーが載っている手帳を使いたいからです。しかも手帳は再生産されません。世の中には一定数しかない。在庫分だけしか出回らない商品です。

そうなると、定価3千円程度の手帳が5千円で売れることも珍しくありません。しかもそのとき、手帳の仕入れ値は安いです。4月スタートの手帳（3千円）が8月に半額、さらにそれ以下なんていうことも珍しくありません。店舗によっては10円なんていう、ウソ！という値段で売られることが実際にあります（59ページの写真）。そんな手帳でも3～4千円で売れるわけです。

同じことはカレンダーにも言えます。その年の半ばが過ぎたら二束三文だと考えてはいけません。もちろん、ただの数字だけが並ぶタイプに人気はないです。

オススメは、タレントもののカレンダーのように付加価値があるものです。犬などの可愛い動物がいたり、キャラクターがいたりするタイプも需要があります。あるいは機能がユニークなカレンダーの人気も根強い。たとえば、家族全員で書きこめるようなカレンダーも、問題なく通年で人気があって売れます。

せどり脳で考えられてこそ、違和感を察知できるようになるのです。

● せどり脳を鍛えて高値で売れる商品を探す

section 12

「違和感」を察知するために商品知識に振り回されない②

商品知識があることで起こりうる仕入れの失敗

せどりでビジネスをするのに商品知識は必要ありません。

必要なのは違和感です。先に紹介した卓上ＬＥＤライトの仕入れエピソードで、その一端が伝わったかと思います。

せどりを始めるのなら商品知識が必要になる、という先入観がある人は実際に多いです。キャラクターを豊富に知っていないと玩具で儲けられない、家電に詳しくなければいけない、ホームセンターで工具の知識がないと仕入れができない、などです。せどり志望者に「全然必要ない」と説明すると、相手は「本当ですか」とビックリします。

私はせどりのプロとして、商品知識の有無は関係ないと断言します。商品知識は違和感せどりを鈍らせます。なまじ知識があるからこそ、余計なことを考えてしまいます。

たとえば、家電やプロスポーツが好きな人は、人気のある商品や選手を知っています。しかし、その商品を仕入れて利益が出るかどうかは、まったく別の話なのです。もしかしたら人気がありすぎて、商品は市場に飽和状態かもしれません。むしろファンの間では不人気なアイテムのほうが、生産数が少なく、市場に出回っていないために利益が出たりするのです。

ただし、せどり脳になって、このビジネスをある程度経験したあとであれば、商品やジャンルへの知識が武器になることがあります。

しかし、まだせどりを始めたばかりの**一般脳の段階でジャンルへのこだわりや知識ばかりが先行すると、利益に結び付かないケースも多い**のです。最初から「このキャラは売れない」と検索もせずに排除してしまいかねません。そんな商品知識ならせどりにはいりません。本当に、必要ないのです。

私自身、余計な知識が邪魔をして失敗した経験があります。11月に見つけた窓用のクリーナーに対し、年末に売れるはずだと頭で考えて仕入れてしまいました。大掃除の時期に需要が高まり、市場が品薄になると踏んだのです。1台5千円の商品を30台も仕入れました。1台につき2千円の利益は堅いと目論んだのです。しかし結果は散々でした。全然売れませんでした。利益が出るどころか、値段を下げて、なんとかトントンでさばけた始末……。

余計な先入観だけで買ってしまった痛い思い出です。せどり脳ならこんな仕入れはしません。

今なら、このクリーナー本体ではなく、その付属品で人気が高いものを探して、仕入れていたかもしれません。

商品知識がないほうが利益の出る商品を見つけやすい

　商品知識や先入観に頼ると罠が待っています。**違和感はフラットな視点から生まれます**。商品知識がなければ、商品や陳列棚を純粋に見ることができます。中身は何が入っているかわからない、この道具は何に使うのか知らない、このキャラの名前もわからない……。それでも「利益が出る」ことはわかります。

　せどりでは、それで充分なのです。むしろ、1度もキャンプをしたことがない人が、アウトドア用品コーナーで掘り出し物を見つけられるのです。生まれて初めて手にした折り畳みスコップを、違和感せどりで「売れそうだ」と仕入れて利益を出すのです。

　だから、女性で家電量販店が苦手とか、男性でマタニティコーナーがわからないとか関係ありません。商品知識がないことがアドバンテージとなります。

　最近、自転車に乗る人が増えてますが、私は自転車に興味がありません。しかし、自転車用品コーナーでの仕入れに困ることはありません。

実際、同行コンサルに出かけた際、自転車用品のコーナーで違和感を覚えた商品を「これは利益が出ます」と伝えました。コンサル生から「これは何に使うものですか」と訊かれましたが、「わかりません」と答えたのです。よく調べたら、自転車のチューブでした。仕入れ値が３千円で、６５００円で売れました。

私は、この違和感せどりで今まで利益を出し続けてきました。**商品知識ではなく、自分の目で見た情報を重視します**。処分品や、店舗が売りたがってる商品を探します。店内の違和感さえ察知できれば、商品やキャラの名前を知っている必要はないのです。

違和感せどりに商品知識は不要です。

● 商品知識の有無は関係ない

▲商品知識があると思い込みや先入観により仕入れ判断を見誤りがち。むしろないほうが違和感を察知しやすく、利益を出す商品を見つけやすい

section
13

違和感を補完する「全頭検索」

売り場のあるゾーンを片っ端から検索する

違和感せどりは効果的ですが、万能ではありません。具体的に言えば、定価より下がっている処分品や値引き商品に関してはリサーチしやすいですが、定価で売られているけれどプレ値で利益が出る商品は難しいです。要するに違和感を感じることができない場合を想定してください。

そのような場合、違和感リサーチを補完する作業として「全頭検索」をオススメします。

全頭検索とは、その名の通り、**全部の商品を頭から検索すること**です。つまり、**棚の端から端まで1つずつチェックする**のです。

もちろん、やみくもにそんなことをしていては時間がかかり過ぎます。だから、**全頭検索をするエリアは、ある商品だったりある棚の場所一角だったりと絞ってください**。基本は違和感で探します。たとえば、人気アニメのキャラクターのぬいぐるみがズラーッとすべて定価で並んでいる棚があるとします。それを違和感で見つけました。しかし、すべて定価なのでそれ以上の違

和感はありません。ですが、中にはプレ値になっているぬいぐるみがあるかもしれません。この場合、棚のぬいぐるみに対して全頭検索を仕掛ける必要があります。少しぐらい知識があるジャンルの商品であっても、決して「このキャラが人気があるから」と勝手な思い込みで検索を絞らないでください。Ａｍａｚｏｎでどの商品がプレ値になるかは簡単に読めるものではありません。

こんなふうに、それ以上違和感を感じることができないときに全頭検索で補います。

プラレールが棚に並んでいる場合も同じです。何十年も人気のある鉄道のおもちゃで、どれも同じように見えますが、中には希少価値の付いた商品があるかもしれません。私はそこで全頭検索で探します。違和感リサーチモードから、全頭検索モードに切り替えます。全頭検索はプレ値の商品を見つけられるという強みがあります。弱みは、とにかく手間がかかることでしょうか。全商品にバーコードリーダーのビームを当てなければなりません。

手間はかかってもプレ値の商品は全頭検索でなければ探せません。全頭検索で探すべき商品を、違和感で探しては効率が悪い。逆も同じで、違和感で探せる商品を全頭検索で探すのは時間がかかり、割に合いません。

プロとして、せどりのやり方を使い分ける必要があるのです。**基本は違和感で探し、それを補完する作業として全頭検索で探す。店頭で適宜モードを切り替えることを意識しましょう。**

section 14

とにかく数をこなしていこう

日本全国あらゆる店舗で仕入れが可能

何度も強調しますが、違和感せどりは特定のジャンル、特定の商品、あるいは特定の店舗でのみ効果があるノウハウではありません。季節や旬の人気商品を狙うなら、常にニュースを気にしていなければなりません。しかし**違和感せどりなら、1度身に付ければ、店舗を特定する必要はありません**。

店内での商品の陳列には、共通点があります。扱う商品は違っても、需要と供給のバランスが崩れた商品には違和感が漂います。なぜなら、売れる時期が過ぎたものやもう廃番になっている商品は、早く店頭から処分したいからです。

ですので違和感せどりは全方位、オールマイティに使えるせどりテクニックです。仕入れ場所を限定する必要はありません。

日本全国のすべての店舗から、あなたは仕入れることができます。たとえば、ディスカウント

ショップにせどりに行く人の多くは、玩具コーナーや家電コーナーに行きます。私も行きます。しかし、それ以外のコーナーも店舗も、あるだけ見て回ります。

私が仕入れてきたせどりのジャンルをもう一度、並べてみます。ホームセンター、家電量販店、ディスカウントショップ、ドラッグストア、スーパー、ショッピングモール、アウトレット、リサイクルショップ、スポーツショップ、ペット用品店、１００円ショップ、自転車販売店、カー・バイク用品店、パソコンショップ、子ども衣料店、釣り具店、ゴルフ用品店……などです。とても書ききれません。

初めて行った土地では、着いて降りた場所から、回ることもしばしばです。仮に園芸コーナーであっても、せどりの対象と考えます。決してコーナー内に花や種、土しかないわけではありません。ガーデンライトやイルミネーションは仕入れ対象になりますし、園芸ばさみが処分品になっていることもあります。

どんな店舗やコーナーにも、何かしら対象になる商品があるという目で見ています。１つの店舗に入ったら、すべての売り場を仕入れ対象としてイメージします。

私は手芸コーナーにも行きます。パッと見ただけでは、端切れや毛糸など、Ａｍａｚｏｎでカタログページがない商品ばかり並んでいます。そのためライバルは行きません。

しかし、違和感せどりなら商品を見つけることができるのです。

たとえば私が手芸コーナーで必ず見るのは、ミシンです。ミシンは手芸コーナーにしか置いておらず、安売りしていることもあります。しかも、販売単価が高いので利益も大きい。もともと2～3万円で売っていたものが、型落ちになれば1万円程度まで値下がりします。その店舗では買う人がいなくても、日本全国にはその型のミシンがほしい人がいます。１台のミシンの利益が1万円になることもあるくらいです。

あとは、女児用玩具でも利益を出せます。編み物ができるような玩具や、ミニ折り機などは玩具コーナーではなく、手芸コーナーに置いてあります。

それだけの利益を見過ごしてしまうのはもったいないと思いませんか。日本全国、あなたのいるエリアに必ず違和感のある商品はあります。

経験を積めば積むほど違和感リサーチの精度は向上する

違和感せどりの概要を紹介してきました。

ここまでの説明で、違和感のポイントさえ知れば、いくらでも仕入れができると思うかもしれませんが、利益が１００％出るとは限りません。

違和感せどりは確率を上げるためのテクニックです。

そもそも違和感を見つける精度は、最初からは高くないはずです。それでも、自分が違和感だと感じたアイテムに手を出し続けていってください。

すぐ仕入れるのではなく、店内で気になった商品を検索しまくるのです。違和感を発動し、とにかく観察しまくりましょう。そうやって**考える数をこなしていくことで、違和感の精度は上がっていきます**。

そのためには、店舗に入ったら、簡単に見切らないでください。間違っても、チェーン店だから、どこも全部同じだと考えてはいけません。同じチェーン店でも、店員さん、店舗によって細かいレイアウトのルールは違うことがあります。常に新しい店舗に入ったと思って、フラットな視点で眺めましょう。そのほうが違和感アイテムをゲットしやすいです。とにかく「この店舗」と考えます。

たとえば、ある店舗で手書きのＰＯＰを見つけたとします。

店内の値下げ商品のほぼすべてに手書きＰＯＰが貼ってあるなら、利益が出る可能性は低いでしょう。活気を付ける意味で、ＰＯＰを使っているからです。

では、値下げして本当はＰＯＰを貼り換える必要があるのに、「前の金額」に横線を引いて、新しい価格を手書きで表示している場合はどうでしょう。

その商品は早く売り切ってしまいたい処分品で、利益が出るかもしれません。もちろん、そのコーナーの店員さんが面倒臭がり屋だというだけの可能性もあります。処分品でないなら、利益は出ないかもしれません。

手書きＰＯＰがコーナー全体の違和感になる場合もあります。この商品を売り切ったら、コーナーごとすべてリニューアルする。そんなときは、わざわざ新しいＰＯＰに変えないで手書きで済ませてしまうこともあるでしょう。だとすれば、コーナー全体が処分品で利益が出る商品の山、ということになります。

こんな風に、手書きのＰＯＰ１つとっても、さまざまな違和感が見え隠れします。

「とびきり価格」「在庫処分品！」「店長決済！」「お買い得特価」

同じ名前の値札、ＰＯＰでも意味が違います。この店舗はこのＰＯＰ、というように単純に考えないようにしてください。

数をこなしていくと、利益商品につながる違和感が見えてきます。

違和感を掘り下げ続けましょう。このような違和感の積み重ねが、需要と供給のバランスが崩れた商品、つまり利益につながります。点と点が線となり、さらに輪になるイメージです。実際に店舗の売り方を攻略して、利益が出る商品を見つけたら最高ですよ。

違和感を掘り下げ続けましょう。

● どんな店舗でも違和感アイテムを見つけることができる

▲園芸コーナーでは、西洋芝の造成用シートが９割引の税込み100円で売られていた

第3章

「商品の置かれ方」に違和感を感じる

section 15

変な場所のワゴンにまとめられている

利益が出せない商品ばかり！「客寄せのワゴン」に要注意

ここからは違和感せどりの具体的なポイントを紹介していきます。

店舗でせどりをする場合、処分品のワゴンを必ず見ます。そこしか見ていない人が多いかもしれません。

違和感せどりには、ワゴンを見るポイントがあります。

一見どれも同じように見えますが、ワゴンには種類があります。客寄せのワゴン、処分品のワゴン、本当に不用品を集めただけのワゴンまであり、これらはそれぞれ持つ意味が違います。

まず**「客寄せのワゴン」には気を付けてください。**

このワゴンは目立つ場所、目に付きやすい場所にあります。店の入り口に近い場所や、エスカレーターを上ってすぐの場所に設置されています。店頭のワゴンの前でハッピを着た店員さんが声を出していれば、活気があって、お得感があるのでお客は集まりやすいですよね。家電量販店

などでよく見ます。

しかし、せどり的に肝心なのはワゴンの中身です。

期待しないほうがよいケースも多いです。なぜならこのワゴンは客寄せのため、売出し中の商品を集めて、安売りしてるからです。

旬の商品が中心なので、Ａｍａｚｏｎとの価格差は小さく、あまり利益率が高くありません。利益が出にくく、仮にもし利益が出る場合でも、そのチェーン店全体で全国的に同じセールを開催している可能性があるので仕入れるのは危険です。供給過多になり、すぐにＡｍａｚｏｎでも値崩れします。

ちなみに、せどりを始めたばかりの人が「ワゴンを見て回っていますが、よい商品がありません」と嘆くのは、この客寄せワゴンに引っかかってしまっていることが多いです。

お宝商品が眠る「処分品を集めたワゴン」

言うまでもなく、**理想的なのは「処分品を集めたワゴン」**です。季節の商品や最新の商品を並べるため、売り場所を空ける必要があるので、旧商品をワゴンに移して売っています。店舗せどりで狙いたいのは、このワゴンです。

ただし、客寄せのワゴンにメインの置き場所を取られているので、見つかりにくいケースが多いです。むしろお客の動線から外れた変なポジションにあることが多い。ですので、店内全体をしっかりと見て、違和感のある処分品のワゴンを探しましょう。そのワゴンこそ儲けが出る商品の宝庫であり、大きな可能性があります。

一見ダメそうに見えても、簡単に見切りを付けないでください。ワゴンの中でも新陳代謝が行われています。1日に何度も処分品が追加されることがあります。もし出来立てホヤホヤの処分品が現れたら最高です。入店時には何もないなと見切ったワゴンでも、ひと回りして店を出る際には、新たなアイテムが増えていることもあります。その手の商品は、利益が出る可能性が高いです。ほかのライバルが検索していない商品をまっさきに手に取ることができます。

最悪なのは、本当にいらないものだけを集めているワゴンです。

新旧や季節の入れ替えではなく、単純に売り場に置き場所がない商品を集めているだけなので、たいして値下げもされていません。まったく利益が出ない可能性が高いでしょう。ただし、妙な場所にあるのは一緒なので、よく調べないと処分品のワゴンと見間違うので気を付けましょう。

見抜くポイントは、値下げ幅です。**値段の下がり方がわずかなら、処分品ではありません**。疑わしければ、「抜き取り検索」をしましょう。5～10個の商品を抜き取って検索するのです。「抜き取り検索」は、全頭検索するほどではないですが、気になる場合に有効な方法です。もし利益が出そうなアイテムが見つかったら、全頭検索に切り替えてもよいですね。感覚的に「これはない」と判断するのは早計です。

最後に、ワゴンにあるのは中に入っている商品だけではありません。ワゴンは台の上に載っており、下のスペースはカーテンなどで隠されていることがあります。実は、あそこに商品の在庫を隠していることがあるのです。だから、ワゴンの中によい商品が1個しかなくても、下には在庫が大量に残っているかもしれません。つまり、**ライバルが見つけられない商品がそこには隠れている**のです。あからさまに見ると嫌がる店員さんもいると思うので、隙間からこっそり、もしくは店員さんのいないときに忘れず確認してみてください。

● 処分品を集めたワゴンを探せ！

▲入り口近くやエスカレーター上の「客寄せのワゴン」に惑わされることなく、店内のおかしな場所にある「処分品を集めたワゴン」でお宝商品を狙おう

section 16

棚の四隅に置かれている

ゴールデンゾーンの上下左右に注目

店内はお客の視線や動線を考えて、商品の配置やレイアウトがされています。

正面に向かってお客の目の高さにあり、手が届きやすい最上段や2段目の棚はゴールデンゾーンです。どの店舗もそのポジションにはお客に注目してもらいたい、旬や新発売のイチオシ商品を置いています。店舗としては、とにかくお客にそれらの商品を見てもらい、手に取り、そして購入してほしいからです。

しかし、日数が経過し、さらなる新商品が出てくれば、それまでのメインだった商品は、棚の脇や上、下の位置に移されてしまいます。せどりで狙うのはそこにある商品です。

せどり脳で見れば、**お宝はゴールデンゾーンの上下左右にある**商品です。棚の隅やいちばん下段の、普段はあまり見ないような取りにくい部分などにある、ほこりを被ったちょっと汚いような商品、色あせている商品、値札がついていない商品、ほかの店舗で見たことないような商品

……。それらは、利益が出る廃番商品やプレ値の付く商品の可能性があります。違和感せどりでは、あらゆる場所で真ん中のゴールデンゾーンをあえて外して、その上下左右に注目しましょう。

また、ホームセンターのショーケースの中も1つの棚と言えるでしょう。ここには、店員さんに声をかけないと中の商品が見られない陳列がされています。真ん中のゴールデンゾーンを外して同じように考えてみてください。上下左右に型落ち品が処分価格で売られていたりしますよ。カー用品で言えば、カーナビやドライブレコーダーなどです。

どんなジャンルの店舗でも新商品を入荷し続けているので、棚の中で同じ現象が起きています。ゴールデンゾーンと上下左右を意識して、違和感リサーチをしてみてください。

● ゴールデンゾーンの上下左右をチェック

▲ついついゴールデンゾーンに目が行ってしまうが、違和感せどりではその上下左右の商品に注目する。違和感のある商品があれば、検索してみよう

section 17

店舗の隅に追いやられている

スルーしがちな店内の隅はまんべんなく確認しよう

前のページでは、棚の特徴を中心に説明しました。ここでは、店内全体のレイアウトを対象に考えてみましょう。店内にも、ゴールデンゾーンとその他のゾーンが存在します。

入り口の自動ドアが開いて、正面の通路には旬な商品が置かれています。ここが店内のゴールデンゾーンです。その季節に一番売れるアイテムをセッティングしたいので、夏であれば冬物商品はここには置きたくありません。イメージ的にもお客の目に付く場所を避けたいため、暖房、ヒート関係は店内の隅に追いやられます。

メインのエリアには、売り時から外れた商品をあまり置きたくはありません。ですので、廃番商品やオフシーズン商品は隅へと集まるわけです。

つまり、**安く仕入れるアイテムを狙うなら、店内の隅を回ったほうが効率がよいということ**です。

私は店舗に入ると正面のメインストリートではなく、まずは四隅をグルっと回るような動線で動きます。何度も言いますが、夏の店舗では早く処分したい土鍋や電気毛布などのオフシーズン商品でも、Ａｍａｚｏｎなら通年で売れます。

店内の隅をまんべんなく見て回ってください。**店舗は不要な品を空いてるスペースに集める傾向がある**ことがわかります。人が多いメインストリートではなく、あまり通らないような通路にポツンとワゴンが置いてあることもあります。

お宝は誰も行かないような隅にあります。

私は「ＳＴＡＦＦ　ＯＮＬＹ」と書いてあるドアの周囲をチェックします。従業員の出入り口の周囲に、イチオシ商品が置いてあるわけがありません。あるとすれば売れ残った商品なので、いつもそれらをしっかりチェックします。

たとえば、蛍光灯を吊るすための鎖など、配線業者しか使わないような一般的なニーズが少ない商品も隅に集まる傾向があります。はじめ私はそれが何の商品かわかりませんでしたが、ＪＡＮコードを調べてようやく蛍光灯を吊るす鎖だと判明したのです。そのときは処分品の値札が貼られていて、通りかかった店員さんが「えっ、これ全部買ってくれるんですか」と喜んでくれました。向こうは早く処分して、店内の陳列スペースを空けたい、こちらは、利益の出る商品を仕入れたい、日本全国にいるこの商品がほしい人は手に入れられる、みんなが笑顔になります。

家電量販店では、洗濯機のような大型家電の売り場には仕入れる商品なんかない、と足を踏み入れない人は多いです。しかし、私は行きます。たとえば、冷蔵庫を売っているエリアがあります。あそこはほかのフロアに比べて通路が広いため、処分品のワゴンがポツンと置かれている場合があります。「冷蔵庫しかないなら行かない」ではもったいないですよ。ワゴンの中身は冷蔵庫とは無関係の商品もあり、生ごみ処理機のバイオチップが置いてあったこともあります。袋が少し汚れているので、処分品扱いにされていました。これも最初は何が入ってるかわからなかったのですが、検索したら利益が出る商品だとわかり、仕入れました。

このように店舗の隅は丁寧に見て回りましょう。

ただし、注意点があります。こうして店舗の隅に集まった商品は、ほこりを被っていたりパッケージのコンディションが悪かったりすることも多いです。私はむき出し状態の商品は避けています。いくら違和感のある商品は利益が出るものが多いと言っても、保存状態のチェックは欠かしません。**しっかりパッケージに入ってなるべく保存状態のよい商品が好ましい**です。

● 隅に置かれている商品に注目

▲店舗の隅には大きな利益を上げることのできる商品があることが多い。ときには50%オフの商品も

section 18

「テキトー」に置かれている

テキトーに棚の上や床にだらしなく置かれた商品に注目

「テキトーに置いておけ商品」には必ず違和感を抱いてください。

店内ではゴールデンゾーンと、それ以外のゾーンがあると説明しました。ですので、店舗が処分したい商品は、店内のあちこちのゾーンに点在しています。お客が見つけやすかったり、取りやすかったりするポジションは与えられず、売り場責任者から「それはテキトーに置いておけ」と扱われているのです。

とくに大きくてかさばる商品は棚の上に置かれます。普通に買い物をしているお客の視界には入りにくい位置です。真剣に売る気があるのかと問いたくなりますが、本音では店員さんもそんな場所に置きたくないはず。しかし、店内のスペースが限られている以上、置かざるを得ないのでしょう。

ただし、棚の上にあれば必ずしも処分品とは限りません。店舗によっては、売れ筋商品のス

トックを一旦そこに仮置きしておく場合があるからです。そのため、ゴールデンゾーンの商品と、棚の上の商品が一致するかどうかは、しっかり確認してみてください。経験上、棚の上に同じ商品がいくつも置かれているなら、ゴールデンゾーンで通常販売されている可能性が高いです。

しかし、**棚の上にポツンと1個だけ置いてある**なら、置き場所に困っているのかもしれません。しかも意外なお宝の可能性があります。廃番商品であったり、大きい商品なので単価が高い商品が多いです。

たとえば、「池の水のろ過・浄化装置」という商品があります。自宅の庭の池に鯉を飼っている人は少ないでしょうが、そんな鯉の飼い主向けの商品です。メインのコーナーに置いても、なかなか売れないので、たいてい棚の上に追いやられているのです。5千円ぐらいでポツンと置いてあったりします。店内に来る人はほとんどスルーですが、Ａｍａｚｏｎなら買い手はつきます。こんな商品が通年で1～2万円程度で売れたりします。

店内の**床にだらしなく置いてある**商品も違和感があります。整理整頓がされておらず、雑に置いてあるのです。商品の列が曲がっていて、キレイに並んでいなかったり、ぞんざいな扱いをされていたりする商品も、処分品の可能性が高いです。

現行商品の後ろに、別の商品を置いてあるパターンもあります。2～3個だけ売れ残ってるけれど、置く場所がどこにもない。そこで、メインの商品の後ろのスペースを間借りしている形です。

店員さんがメイン商品に気を取られて、その商品の置き場所なんか意識されていません。不揃いで目立ちますから、必ず検索しましょう。

● テキトーに棚の上に置かれている商品の例

▲かなり雑に棚の上に置かれている商品は処分品の可能性が高い。ただし値札がない場合はゴールデンゾーンの商品の在庫ストックの可能性もある。テキトーに貼られた100円の値札に違和感を感じる

● 床の上にだらしなく置かれている商品の例

▲床に直に置かれているなど、ぞんざいに扱われている商品は処分品として格安で販売されている可能性が高い

section 19

商品が少量だけ置かれている

少量の商品は違和感アイテムの可能性あり

商品の数には、どう違和感リサーチをすればよいのでしょうか。

すごく多いか、すごく少ないかの両極端のケースの場合はわかりやすいでしょう。**ビックリするほどの数がある商品には違和感はありません**。売れているから店舗も大量に仕入れるわけです。どこのチェーン店に行っても棚に溢れんばかりに置いてあることもあります。もしかしたら、調べてみると利益が出る場合があるかもしれませんが、数が多過ぎる商品はそもそも要注意です。今は利益が出ても、市場に出回り過ぎて飽和状態になれば、せどりでは一気に値崩れを起こすリスクがあるからです。

反対に、**数が少ない場合は違和感**と考えます。棚に1個しかなかったり、値札が貼ってあるのに、商品はゼロだったりするパターンは見てすぐにわかります。私はどちらのパターンでも検索します。とくに在庫がない商品は利益が出る可能性があります。たとえば、シャンプーの並ぶ棚

で1種類だけ在庫が切れていたら検索します。人気があって、定価で買っても利益が出るプレ値の商品かもしれないですから。プレ値商品であれば系列店の在庫を聞いたり、他店で探したりすることができます。数が少ない違和感は、こんなふうに廃番商品を探すイメージで検索します。

では、多くもなく、少なくもない数はどうでしょうか。

その場合は、商品数だけでの判断は難しくなります。ほかの違和感との組み合わせで判断してください。棚に20個ほどの商品が置いてあって、「現品がなくなったらもう入荷しません」などと書いてあるなら、検索に値します。

あるいは、置き方などにも注目します。棚の下や上など、売れ筋の場所に置いてなければ、もう1つの違和感の対象になります。**2つ以上の違和**

● 棚に1個しか置かれていない商品に注目

▲棚に1個しか商品が置かれておらず、大きく値引きされている商品があったら、必ず検索してみよう

感が当てはまるものは、利益商品の可能性が高いです。ディスカウントショップはとくにこの傾向があります。数が少な過ぎず、多過ぎないけれど、「在庫限り」などの数の縛りがある、しかも店員さんがテキトーに置いているような商品です。

その手の利益が出る商品を見つけたとして、どれぐらい仕入れるのが適切な数かをよく尋ねられます。これは一概には言えません。その人の仕入れ資金や売り抜きたい期間によって違うからです。その感覚は商品を売りながら経験で養っていくというのが本当の正解でしょう。とはいえ、確実に利益が出る商品が目の前に積まれているのに、1～2個しか取らないのはもったいないなとは思います。

では、どれぐらいが適量なのでしょうか？

せっかくなので書籍読者さん向けに、私個人の感覚を伝えます。私の場合、20個ぐらいなら気にせず全部仕入れます。50個になると多いかなという感覚です。ライバルの数も関係してきますが、20個ぐらいの仕入れは普通にあります。

● ディスカウントショップやスーパーでよく見る陳列例

◀それほど丁寧な扱われ方でなく、販売数も多くもなく少なくもない。さらに「店頭在庫限り」など数の縛りがアピールされていたら違和感リサーチしてみよう

section 20

新旧商品が併売されている

プレ値で高利益を狙える旧商品が安く入手できる

これまで、儲かる商品はゴールデンゾーンの上下左右にある、と解説してきました。ではゴールデンゾーンには儲かる商品がまったくないのかと言うと、実はそうではありません。たとえばこれからここで解説する、新商品と併売されている旧商品などがあります。

新商品の発売時、つまり新旧商品の切り替え時は仕入れのチャンスです。とくに**旧商品がプレ値になるケースが多々あります**。新商品が発売されても、前の型がほしいという人はたくさんいるのです。極端な場合、ほとんど同じ機能で、同じ値段で売られていても、Ａｍａｚｏｎでは旧商品のほうがプレ値で売ることができ、利益が出ることもあります。

それでも、店頭では新商品を売りたいために、早く旧商品を売り切ってしまいたいのです。

新旧商品はゴールデンゾーンに置いて併売されている可能性が高いです。その際、どのような意識で見るかが大事です。とにかく旧型の商品があったら、検索する意識が大事です。ですの

で、店内のメイン売場を現行商品が置いてあるだけだと簡単に見切らないでください。商品の世代交代として併売されている可能性があります。

たとえば、夏ならＵＳＢファンが新旧で併売されています。現行商品は利益が出にくいのはわかっています。しかし、昨年の型で、機能がまったく同じＵＳＢファンがそこに登場したとすると、話が変わってきます。商品知識がなくてもかまいません。それこそ違和感リサーチを発動するときです。

現行商品が２９８０円なら、旧型は2千円ぐらいと価格差が付けられて売られていたりします。値付け以外にも、箱がほこりを被っていたり、日焼けがあるかもしれません。旧商品は昨年売れずに倉庫に置いてあり、新商品の発売と共に店頭に並べられた場合もあります。**違和感で探せば旧型商品も見分けが付くようになっていきます**。

新旧商品で狙い目の商品を紹介しておきます。

それは冷房や暖房のような気温に関係する季節家電です。現行商品は、ほぼ利益が出ません。ところが、1つ前の型なら利益が出る場合が多いのです。価格も安くて最新機能を搭載している新型よりも売れたりします。なぜなのかはわかりません。とにかく旧型の季節家電は人気があって、しかも高値になります。

第4章

「POP」と「値付け」に違和感を感じる

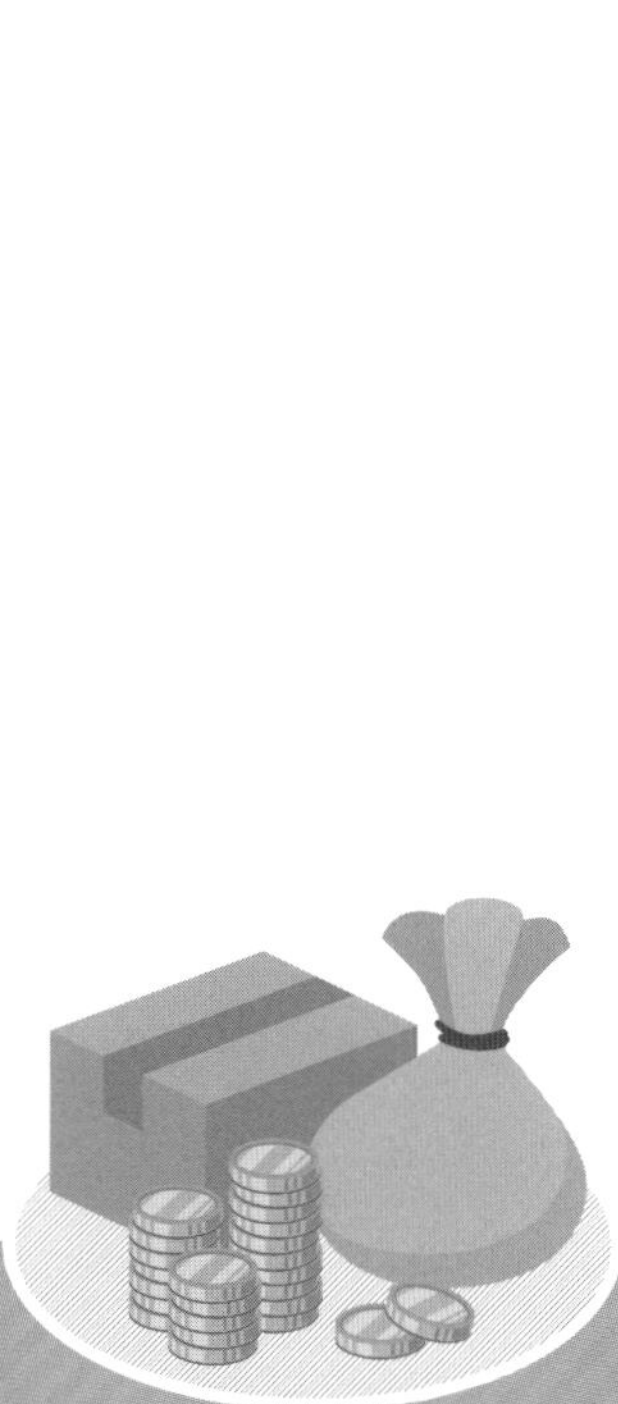

section 21

特定のＰＯＰだけ利益の出る商品ばかり

ＰＯＰ付きの商品は検索すべきだが惑わされてはいけない

ワゴン、棚、陳列場所に関する違和感ポイントを紹介してきました。今度は「ＰＯＰ」です。店内に所狭しと飾られている**ＰＯＰは必ずチェック**してください。ＰＯＰは、店員さんがお客の購買意欲を刺激するために商品やコーナーを目立たせようと付けています。

「特価処分」、「ラスト1点」、「入れ替え処分」、「早い者勝ち」、「ひと家族3個まで」……など、眺めているだけで買わないと損という気分にさせてくれます。

ただし、ＰＯＰのある商品だけを見ておく、というルーティンで済ませてはいけません。そのやり方はもったいないです。気が緩み、周辺にもっと利益が出る商品があるのに、抜けや漏れが出てしまいます。せどりで利益が出る商品が見つからないというのも、このパターンが多いです。

ＰＯＰはあくまでも違和感せどりのきっかけに過ぎないと肝に銘じてください。

●「早い者勝ち！」「処分価格！！」は本当？

▲このようなPOPを見つけたら、つい心躍りがちだが、せどり脳で考える

熱のあるＰＯＰのフレーズに惑わされて、一般のお客と同じように考えてしまうのは論外です。たとえば「1個限り」「3個まで」というＰＯＰは、せどり脳でも魅力です。しかし、利益が出る商品なのかどうかは検索するまでわかりません。もちろん、定価から値下がりした処分品で、Ａｍａｚｏｎに出したらプレ値になるお宝の可能性はありますが、調べる前に思い込みで判断しないことです。

ドーンと大きく「特価処分」のＰＯＰがあったとします。一見、利益が出そうな商品の見た目です。しかし、実際に検索すると、利益がイマイチで仕入れ対象にならないことも多いです。「大処分」「クリアランスセール」「値下げしました」などその店舗のＰＯＰをドンドン検索していきましょう。ほかにも利益がイマイチにも関わらず、「利益が出そうな雰囲気」だけのＰＯＰもたくさん見つかるでしょう。

こうしてある程度の点数を調べていくと、このＰＯＰは活気を付けるためだけに貼っているな、実はこれが利益が出やすい処分品のＰＯＰだなと、とカラクリが見えてきます。とくに家電量販店などでは、大量のＰＯＰが付けられていて、全商品がお買い得に感じさせられます。

しかし、本当に利益が出やすいＰＯＰなのかは検索してからでなければ判別できません。ＰＯＰは違和感のきっかけです。**検索していくと利益が出やすいＰＯＰに辿り着きます**。すぐに見つかることもあれば、消去法のように浮かび上がってくる場合もあります。せどり脳を鍛えるようなつもりで、たくさんＰＯＰを検索してみてください。

チェーン店でも店舗によりPOPルールは異なる

POPには、その店舗の特徴が出ています。だからこそ、違和感せどりのチェックポイントになるのです。

たとえば、ドン・キホーテなら「驚安処分」というＰＯＰが有名です。目玉商品が多く、せどりでも狙い目としている人も多いでしょう。あるいはイオンには必ず「ダジャレ」のＰＯＰがあります。私は全国各地のイオンに行きますが、チェーン店ではその地方のダジャレで、独特のＰＯＰが飾られています。

「安か値っ！！」「今、買わんと値」（九州のイオン）、「買いドキップライス」（北海道のイオン）、「大蔵ざらえ」（東京のイオン）……などなど、個性的なフレーズが楽しいです。

ちなみに「蔵ざらえ」とは、所有している商品を、整理のために安値でさばくことで、せどりの世界でよく使われる言葉です。昔の一掃セールのような言葉の名残だと思います。

全国のチェーン店で同じＰＯＰを使っていたとしても、どこに行っても同じルールが適用できる店舗だとは思わないでください。大切なのは「イオンはこうだ、ドンキはこうだ」と決めつけないことです。たとえ、同じ町に2店舗あるイオンだとしても、A店の直後にB店へ行く際も、知識をリセットして違う店舗だと思って見て回りましょう。

チェーン店でも1店ずつをフレッシュな視点で眺めてください。初めての店舗なのに、すでにＰＯＰのルールを知っているつもりでいると、違和感センサーが働きません。**丁寧にＰＯＰをチェックすることで、その店舗が安売り商品や、処分品にどういう表現をするのかを見抜いていきましょう。**

まずはスタンダードにＰＯＰを全部見て回ります。その情報をまとめていくうちに、店舗側が最終的に値段を下げて処分したいＰＯＰが見えてきたりします。この店舗は「特価処分」ＰＯＰよりも、「お買い得処分」ＰＯＰのほうが利益が出る商品が多い、という感じです。あるいは、「大処分」ＰＯＰを検索すると、「廃番」や「在庫限り入荷なし」の商品ばかりになっているな、というように。つまり、本当の処分品に貼ってあるＰＯＰだと判明するのです。

これは私の経験からの感想ですが、以前よく目にした手書きのＰＯＰは、現在の全国チェーンではあまり目にしなくなりました。手書きは店員さんによるバラツキが多いので、管理面で敬遠されているのかもしれません。それでも、人間のやることなので、だらしない担当者もいます。

● 大処分×在庫限りのPOP

▲大処分と在庫限りの２つが書かれたPOP。100円で売られていたが、検索するとAmazonで1,500円前後で販売されている商品だった。売れ行きを調べて仕入れるかどうか判断する

● 手書きのPOPに注目

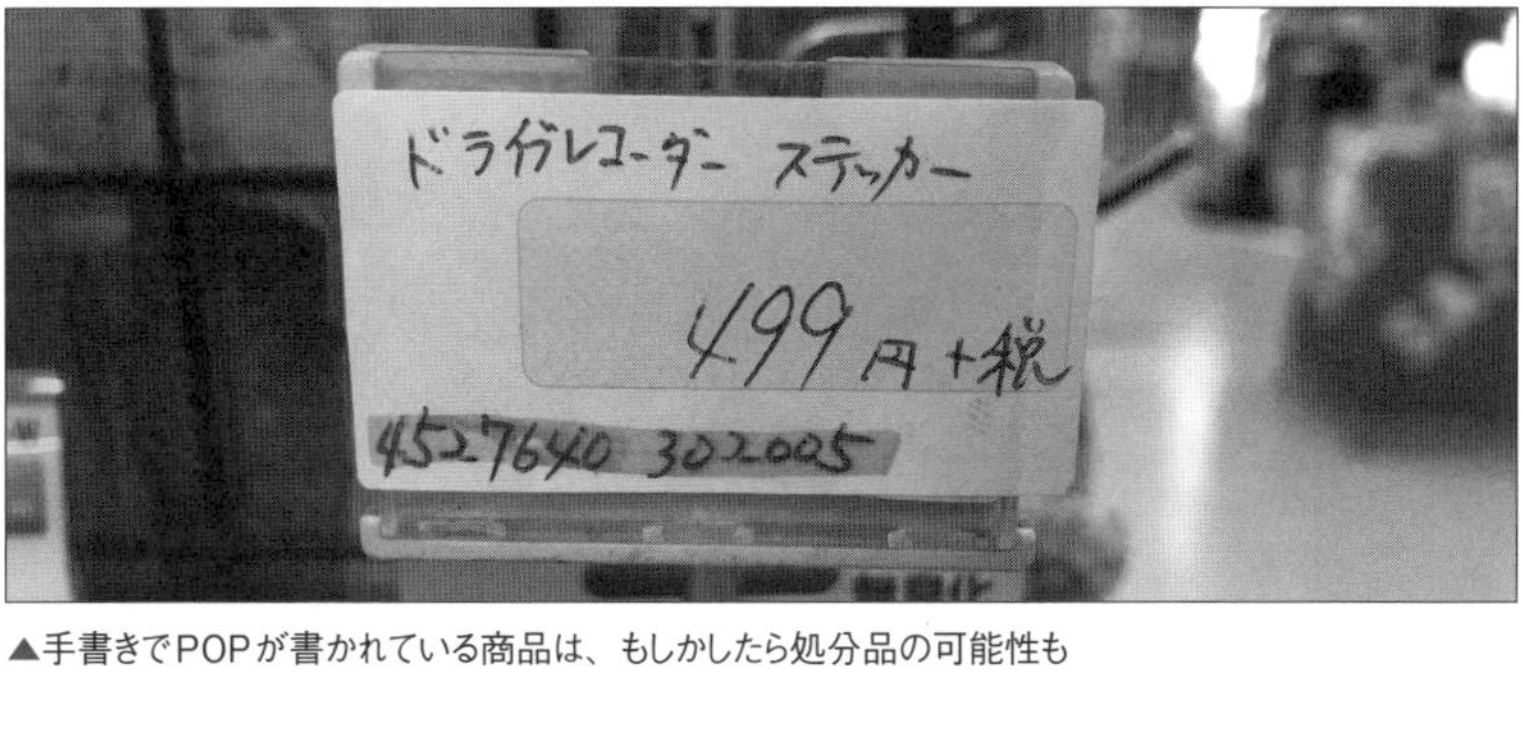

▲手書きでPOPが書かれている商品は、もしかしたら処分品の可能性も

全国チェーン店なのに手書きのPOPを付けたワゴンがある店舗もあります。整理整頓して処分品を集めずに、店中のさまざまな場所をPOPだらけにしている店舗もあります。処分品が店内に散乱しているイメージですね。わざわざまとめるのが面倒臭いのでしょう。こういうときに違和感から店員さんの性格もわかります。私は整理整頓が苦手なだらしないタイプなのだと決め付けます（笑）。

そういう売り場責任者が管理する手書きPOPの商品は、本当の処分品である可能性が高いです。大雑把な扱いを受けている商品は、廃番やプレ値の可能性のある、せどり的にはチャンス商品ですから。

だからこそ、**1店舗1店舗を丁寧に見て回る必要があります**。

反対に、店内がキレイで、POPが少なく展示されている店舗は、きちんと整理されているイメージです。在庫管理も、処分品の管理もしっかりしていて、一箇所にまとまっている傾向があります。

丁寧に店内のPOPをチェックしてみてください。究極的には、POPや置き方を違和感として感じることで、その商品の店舗側の扱い方がわかるようになりましょう。

section
22

ＰＯＰに変な痕跡がある

ＰＯＰにある赤いシールや蛍光マーカーの意味とは

1枚ずつのＰＯＰをよく見てみると、赤いシールが貼ってあったり、蛍光ペンで線が引いてあったりと細かい違いに気づくことがあります。店員さんが意味もなくそのようにＰＯＰに痕跡を残すわけもなく、きっと何か意図を持ってやっているのではないか、と違和感を抱かずにはいられません。

一体どういう意味があるのだろう、といくつかのそのようなＰＯＰを眺めているうちに、「これはもしかしたら店舗側の商品管理の合図では?」という仮説が立ちます。

それらはその店舗ではもしかしたら処分品を示す目印なのかもしれません。もしくは値下げ品や、今後は仕入れない商品（廃番商品）を表している可能性もあります。

ＰＯＰに痕跡を見つけたら、同様のＰＯＰを洗い出し、丁寧に検索してみましょう。すると、

処分品だったり廃番商品だったりと、規則性が見つかることがあります。

そのように同じ痕跡のある商品を次々と検索し、それらが利益の出る商品だとわかったら、集中して商品を探し、ガンガン攻めていくことができます。このように攻略していくことで、大きな利益を出すことができるのです。

大事なことは、最初から「蛍光ペンの線引きがあれば安い」と決めつけずに、丁寧にそれらのＰＯＰの商品を検索してみることです。

また、A店では赤いシールが処分品だったからB店でも同じ、というわけではありません。あくまでもその店舗独自のローカルルールの可能性が高いので、**同じチェーン店でも規則性は異なると考え、各店舗ごとに調べる**ようにしましょう。

なお、多くの店舗で使われる痕跡系の例として、ＰＯＰに手書きで「×」が付けられているといったケースもあります。これは経験上、商品が売り切れたら入荷されないような廃番商品だったり、最後の売れ残りの1個だったりします。Ａｍａｚｏｎで在庫切れで高値で売れたり、店舗でも処分品として格安で仕入れることができたりするので、立派な違和感アイテムと言えます。

このように、利益につながるＰＯＰの違和感を見逃さないように注目しましょう。

● POPに赤いシールが貼られていたら

▲一部の商品のPOPだけに赤いシールが貼られていたら処分品の可能性が高い。しかし、決めつけずに必ず検索して確認するようにしよう

section 23

値下げ幅が異様に大きい

同じ値下げ額でも値下げ「幅」に注目する

商品の配置やPOPの見せ方による、違和感せどりを紹介してきました。

ここからは、さらにわかりやすい違和感を解説します。それは「値付け」です。数字による違いなので、明確です。

まずは「値下げ幅」から違和感を察知してください。実は、これが値付けの違和感の基本になります。店舗に行って、商品に貼られている値下げされた値札を片っ端から見てください。いま表示されているのは、値下げ後の価格のはずです。

違和感のポイントは、どれくらい値下げされたのか、という「下げ幅」です。

これは簡単に確認できます。POPの例でも解説したように、古い金額に線を引いて訂正して、その横に新しい価格を書いてあったりします。たとえば、ビックカメラなら「値下げ率」まで表示してくれています。

また、値下げ後の札をめくって見ると、古い値札が残っていて、値下げ前の値段がわかるケースもあります。その**値幅が大きいほど違和感を発動させてください**。これは大切な違和感探しです。

当たり前の話ですが、値下げをすれば店舗は儲けが少なくなります。その値下げの幅が大きいのならば、その金額の分だけ店舗は損をしているのです。

値下げ幅は、そこまでして、商品を売ってしまいたい気持ちの表れです。この気持ちを感じることが、店舗を攻略するコツと言えます。

同じ安売りのPOPでも、値下げ幅が大きい商品のほうが、安く売りたいという店側の熱量が大きいと考えます。それだけ早く処分したい商品なのです。

ちなみに、値下げ「額」と値下げ「幅」を混同し

● 通常価格が書かれている値下げ札

◀通常価格が赤線で消され、値下げされている商品のPOP。値下げ幅が大きいものは利益が出せる商品の可能性が高い。検索してみよう

ないでください。

たとえば、同じ千円の値下げ商品でも、通常価格との差がどれだけあるかが重要です。1万円の価格から千円に下がっているのか、2千円の商品が千円なのかでは、お得感が全然違うはずです。そこを必ずチェックしましょう。値下げ幅が大きければ大きいほど、違和感があるからです。

家電量販店に行って、同じ価格の値下げ商品がワゴンに入っていても、全部が同じ値下げ幅とは限りません。

30％引きの商品と、90％引きのそれとでは販売価格が同じでも違和感はまるで別物になるはずです。

値付けで見るべきものは、まず値下げ幅の割合、つまりパーセンテージなのです。

● 同じ値下げ額でも通常価格との差を確認する

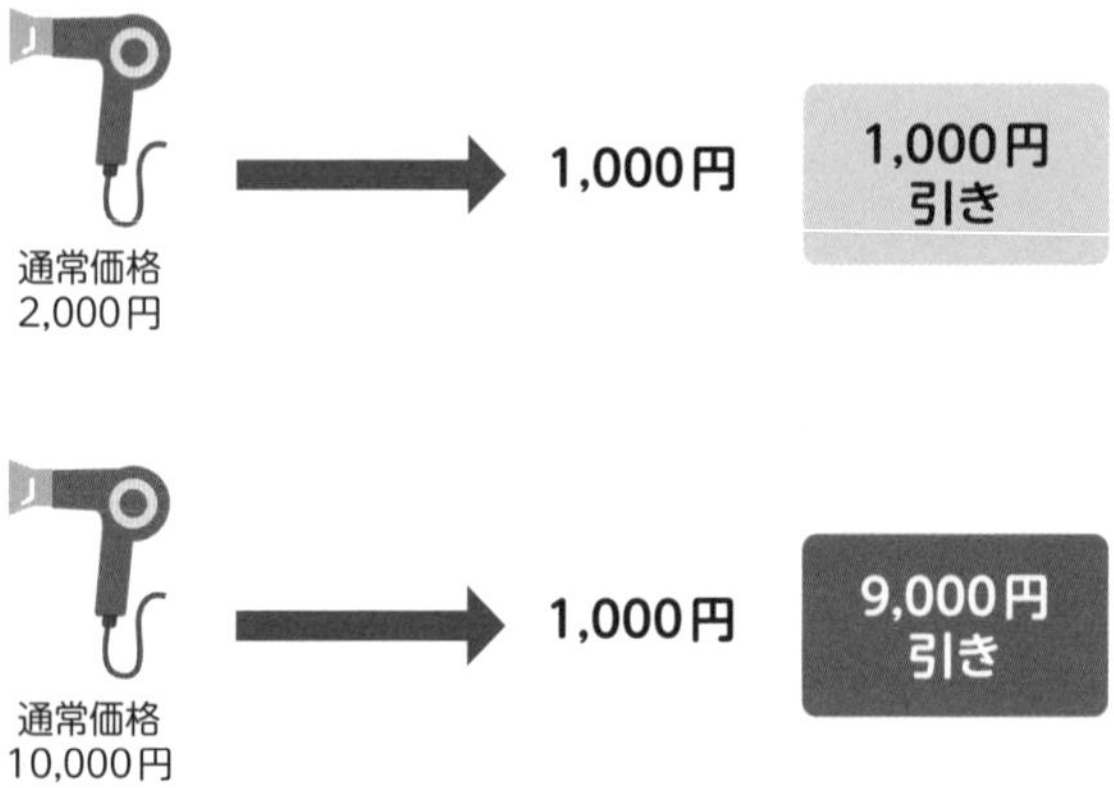

▲同じ額でも通常価格との差が大きいほうがよい

異様に安過ぎる商品も違和感リサーチ対象

しかし、そもそも**安さが明確な商品は違和感バリバリ**です。

たとえば、「2円」「10円」「１００円」と異様に低い数字が価格になっている商品です。

ここまで下がる商品が本当にあるのかと疑問を抱く人もいるでしょう。

気が付かないだけで、普通にあります。スマホ用のカバーやケースなどがよくこんなふうに異様に値下げされます。スマホのアクセサリー商品なので、店舗でも安定して売れるイメージなのですが、新陳代謝が激しいためか、旧型になると「１００円」や「10円」販売は珍しくありません。

しかし、ネットでは型落ちのデザインでも、高く売れるのです。

３ＤＳなどのカバーや保護フィルムも１００円、50円まで下がります。ネットでは人気がある商品も多いので仕入れるチャンスです。

この手の大量に新作が出る商品に関しては、サイクルが早いため、店舗では棚の回転率を高めるために、古い商品は限界まで下げてでも売ってしまいたいのです。

ただし、デザインによって人気のバラつきはあるので、どんなに安くても検索することは怠らないでください。市場で値崩れしている可能性もあるからです。「10円」の価格帯で仕入れても、利益が出ない場合すらあるので注意が必要です。

section 24

値付けの仕方がその商品だけ違う

キリのよい値付けがされていたら違和感リサーチ

パッと見でわかる値付けの違和感があります。

数字的にキリのよい金額もその1つです。ちょうどよい金額でまとまっている。そんな商品には何かあると考えてください。なぜなら、店舗の値付けは、基本的には割り切りやすい数字にしないのが通常だからです。多くの場合、10円単位まで細かい数字を入れているはずです。１９８０円や、２９８０円のように端数を入れて、お買い得感を演出しています。値下げする商品も同じはずです。

にもかかわらず、**キリのよい金額が目に入ったら、リサーチ対象**です。

たとえば、値下げした商品を「２０００円」など、ゼロが並ぶピッタリの数字で売っている場合、これは違和感の王道です。その基準で眺めてみれば、２９８０円の値札が並ぶ中で、いきなり２０００円のようにゼロが並ぶ数字が目に入ってきたら、検索開始です。

さらに言うなら、「税抜き２０００円」よりも「税込み２０００円」であれば、そちらの商品のほうが徹底的に値下げして売りたい意志が伝わってきます。税抜より、税込表示でピッタリにしている商品のほうが店舗側が強く処分したがっているというのは、私の経験上の感覚でありテクニックの1つです。**税込みでキリのよい価格を探してみてください。**

家電量販店の陳列コーナーで、今年の機種が並ぶ隣に、去年の機種が置いてあるとします。その際、同じ機能で似たようなデザインであれば、商品知識がないお客には、なかなか見分けは付きません。

しかし、値札を見れば一目瞭然のケースが多いです。

去年の機種は1万5千円だとか、1万円など

● キリのよいピッタリの値付けに注目

▲千円、5千円など、思わず違和感を抱いてしまうキリのよい数字の値札を見たら、検索しよう

「ピッタリの値付け」になっていたりします。こうして、値段が安いのはもちろん、キリのよい金額なのも含めて違和感をキャッチできます。

ただし、逆のパターンもあるので見逃さないでください。

基本的に「２０００円」「３０００円」などキリのよい価格が並んでいる中で、「１９８０円」という端数のある価格が付いていれば、こちらの商品のほうが異彩を放っています。早く処分したいのは、当然キリがよくない価格のほうになります。

値札の末尾の数字にも違和感？

レアケースですが、**値札の末尾の数字に違和感が漂う**商品があります。

通常であれば「０」の数字になるはずですが、それ以外の数字が1の位に付いているのです。非常に特徴的で目に付きます。

私が初めて行ったある店舗で、末尾が「９」になっている価格の値札がたくさん目に付きました。これは何を表しているのだろうと思い、リサーチしたらわかりました。

その店舗では廃番や古い商品の場合、末尾を9にすることで、スタッフ間でわかりやすくして管理していました。つまり、この末尾9の商品は、処分品という意味だったのです。

有名過ぎる話ですが、トイザらスでは値段の末尾の数字に関する情報を自ら公開しており、値札が末尾「6か8」になっている商品は、在庫処分品になっています。もともとはセール品として売り出していたクリアランス商品の売れ残りや、商品入れ替えで在庫を処分したい商品を末尾6・8にして並べているのです。

値札の数字に注目することでも、違和感を見つけることができると考えてください。

● トイザらスでは価格の末尾「6」「8」に注目

▲おもちゃチェーン店のトイザらスのクリアランスセールでは、末尾が6、または8の商品はレジでさらに30%の値引きがされる

値札が付いていない商品も要チェック

値札自体が付いてない商品もあります。店員さんがぞんざいに扱い過ぎて、もはや在庫として意識されていない商品です。商品の入れ替えや、値付け作業でヌケモレが生じ、値段を付け忘れてしまっているのでしょう。

本来なら、商売人としてはあるまじきミスです。

せどりで検索する人の多くは、あたりまえですが値札が付いていない商品は検索しません。ほこりを被っていたり、値札が付いてない商品は相手にしていないのです。

しかし、**違和感せどりの視点では、最高の商品**です。要チェックの商品になります。

つまり、スタッフが値段を管理してない時点で、相当に古い商品です。それが廃番であれ、旧型であれ、ネットでは利益が出る可能性が大です。

ですので、絶対に検索したほうがよいです。私自身、「価格なし」の思わぬ掘り出し物に出会ったことは何度もありました。

よく探せば、「あれ、値札がどこにも付いてない」という商品はあります。一体、どんな商品なのかをJANコードで検索するなり、店員さんに確認するなりしたほうがよいです。

● 値札が付いていない商品に違和感

▲なぜか値札が付いていない商品がときどきあるが、これらは掘り出し物の可能性あり。検索して、店員さんに値段を聞いてみよう。2,000円以上で売れる小型扇風機がレジでは300円に

section 25

シールが重ね貼りされている

店員さんがわざわざシールを貼る意味を考える

値下げ額が商品に直接シールで貼られている場合があります。

その時点で違和感があります。ここで重要なのは、まず値下げシールを探し、その部分に注目することです。この場合、私はシールにしか意味を求めません。まだ商品の中身に関してはなんでもよいのです。

たとえば、**ほかの商品には値下げシールを貼ってないのに、一部の商品にだけ貼ってあれば、必ず検索**します。

ワゴンでなく、通常の棚にある商品でもそうします。

同行コンサルのときであれば、コンサル生に必ず伝える重要事項です。

なぜなら、**店員さんがシールを貼るという手間をわざわざかけている**からです。

それが「半額シール」であればなおよいです。必ず検索してください。

あるいは、半額の状態からさらに半額シールを貼られる場合もあります。４千円の商品が「半額」シールで2千円。さらに「今付いてる価格からさらに半額」のシールで、千円まで下がっている。丁寧に見て回っていれば、こういう商品に出会えるのです。

とにかく、もともと値引いている商品に半額シールが追加されていくのです。

こういう**シールが何枚も重なっている状態を目にしたら、この店舗は時間経過によって徐々に値下げする店舗だとわかります。**

シールからいくつもの情報が得られるのです。

重ねて貼られる値引きシールによって、その店舗の値引きの進行が把握できます。最初は10%、次は30%、そして50%、70%、果ては90%引きまで貼られるかもしれません。

● 半額シールが貼られていたら即検索

▲シールが貼られていたら、違和感リサーチを発動しよう。半額シールにさらに半額のシールが貼られていることも

この情報こそ、店舗の攻略につながるのです。

値引きされているからといって、必ず利益が出るとは限りません。仮に見つけた商品が90％引きであっても利益が出ない場合もあります。

そのときに、「ここまで値下がりしてるのにダメか。ここは儲かる商品がない店舗なのかも……」などと、簡単に決め付けてはいけません。

情報はシンプルに、ポジティブに捉えてください。「この店舗は90％引きまでやってくれる店舗なんだ」と受け止めましょう。

9割下げてくれる店舗はありがたい存在です。たとえば、ゲームソフトなどが90％引き、あるいは80％引きなら利益が出る可能性は高いでしょう。定価1万円ぐらいの価格が千円まで下がるわけです。この価格で仕入れられるなら、いくらライバルがいても、利益が出る可能性は高くなります。

シールの重ね貼りをする店舗へは再訪しよう

シールの重ね貼りは時間と値下げ幅の情報の宝庫です。

ですので、その店舗には儲かる商品が生まれる余地があると考えましょう。

仮にそのときは利益が出る商品が見つからなくても、**仕入れルートとして店舗をローテーション入りさせたほうがよい**です。

とにかく、私はシールをチェックします。最初は、シール付き商品ばかりを検索してもよいぐらいです。最初に見つけた金額では利益が出ないとわかっても、可能性は消えません。

数日後に追加で貼られるシールによって、値下げされていた場合は利益になる確率は上がっています。

● シールの重ね貼りがされていたら

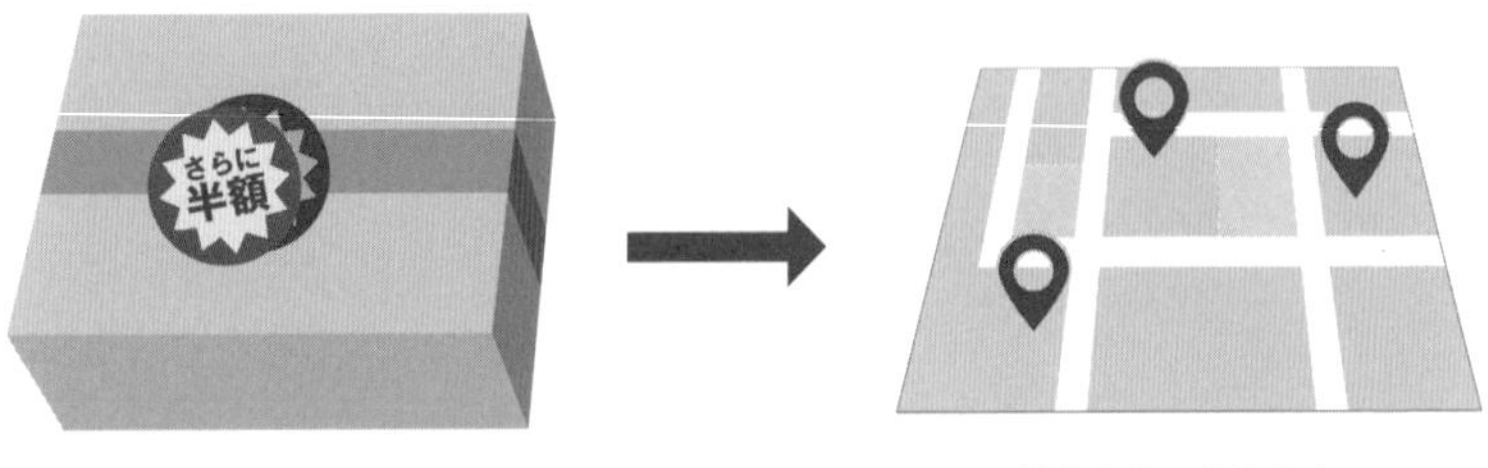

▲今後、利益の出る商品が売られる可能性が極めて高いので、その店舗はローテーションで訪れるようにするとよい

section 26

ほぼ同じ商品の中で1つだけ安い

カラーの違いだけで安く売られている商品は検索を

同じ商品で、色が違うだけなのに、価格に差がある……。

こういったケースは、当然違和感せどりの対象になります。

実際こういう事例はよく目にします。安い商品は人気がないのか、在庫がだぶついているのか、理由はわかりません。機能はまったく同じ商品なのです。新旧の商品でもなく、同じ機能、同じ状態、同じ発売時期であり、違うのは「色」だけです。

いずれにせよ、このような商品を見つけたら必ず検索してみましょう。

「この色は不人気アイテムだから、調べなくてよい」と考えるのは早計です。

なぜなら、いまの価格差はこの店舗だけの現象かもしれないからです。人気や売り上げに差があるのは、この地域だけで起きていて、全国ではまったく違う状況だったら、仕入れるチャンスになります。

値下げされた商品を仕入れ、定価で全国に売って利益を出すのです。

色のバリエーションで価格差が出やすいのは、弁当箱や水筒です。同じシリーズの中で、店舗では、特定の色だけ安く処分価格にすることがあります。

この状況は、**商品の色に限らず大小でも表れます**。弁当箱でサイズが違うのに同じ値段で売られているのは違和感です。容量が小さいタイプや大きいタイプの水筒が並んでいるのに、みんな一律に千円にされているイメージです。おそらく、そのシリーズ全体に対して、店舗側は早くさばいてしまいたいのだと思います。これも、Ａｍａｚｏｎではサイズに応じて販売価格と売れ行きを調べて、利益が出るものだけを仕入れましょう。

ちなみに、大きいサイズが必ずしも一番人気で、もっとも高額なんだと勝手に先入観を抱かないでください。同じ値段だったからと大きいサイズの商品を多く仕入れるというのは一般脳の考え方です。丁寧に調べてみたら、大きいサイズはライバルが多く、市場に商品が溢れていることも珍しくありません。よく見れば、中型の真ん中のサイズだけが利益が出る場合もあります。その反対に、小さいサイズだけを仕入れたほうがよい場合もあるのです。これが、せどり脳です。

クーラーバッグにも同じことが言えます。大中小とサイズに差があるのに、季節の変わり目などに処分品として同じ値段で売られている、というパターンです。これは狙い目です。商品が大きめなので、在庫が余っていると、店内スペースを取るため、早く棚を空けたいのです。

水筒はせどりでは人気アイテムです。パッケージの切り替わりがあるので、旧パッケージを安い値段で仕入れられれば利益の出る確率は高いです。これも一般的には、入学式や遠足のシーズンしか売れないイメージですが、通年で全般的に売れる優良商品なのです。

メーカー名を出すなら、サーモス、タイガー、象印は御三家です。

仕入れの際に水筒は意識して見たほうがよいでしょう。

● 色の違いだけで１色だけ価格が違う

▲機能や発売時期などすべて同じだが、色だけ違うことで異なる価格で売られている場合は、違和感リサーチしてみよう

section 27

大きい商品なのにやけに安い

大きい商品なのに低価格で売られていたら検索を

本来なら、大きい商品は小さい商品に比べて価格が高いのは当たり前です。

しかし、一律の価格どころか、明らかに安い場合は違和感を放っています。

大人が一抱えするようなサイズの段ボールに入ってる商品が「500円」と表示されていれば、検索対象にすべきなのです。

私はペット商品に詳しくありません。それでも、ペットショップで、わりと重量感のある「犬用ケージ」が千円であれば、ビビッと違和感を覚えます。すぐに検索して利益が出ることを確認したら、仕入れます。

店舗側は大きい商品ほど店内に長く置いておきたくないのです。

そういう商品は積極的に見て回りましょう。

第5章

「商品の見た目」に違和感を感じる

section 28

箱が汚れている

ほこりや日焼けによる箱の汚れは違和感サイン

いよいよ、商品そのものに関する違和感を解説します。私は再三、一般脳からせどり脳に切り替えてくださいと伝えています。

自分が好きな商品や、自分のほしい商品を選ぶ感覚では、せどりの仕入れはできません。ましてや違和感せどりはできないです。

今、あなたの目の前に「箱が汚れた商品」があったらどうしますか？　一般脳で考えれば、回避すべきかもしれません。しかし、せどり脳では、大いに喜ぶべきです。

汚れている状態は、1つの違和感です。仕入れる可能性がある商品を見つけたのですから大歓迎です。

なぜなのかといえば、**箱が汚れているのは**、**単純に店に長く置いてあるサイン**かもしれないからです。入荷してまもない商品の箱はまっさらでキレイに決まっています。

その新品そのものの状態から、日数が経過し、陳列場所を転々とし、店員の管理の目が行き届かない状態になるにつれ、箱は汚れていきます。

古いといっても、数年単位ではありません。半年程度かもしれません。もちろん、家庭に置いてある場合なら、半年程度が経過しても古くは感じないでしょう。

しかし、店舗に陳列された商品は違います。四季を通じて日々、商品は入れ替わっているのです。そのタイムサイクルで考えれば、半年も売れていないアイテムは十分古い。

箱が汚いのは立派な違和感です。**ほこりを被って、長く店内に鎮座している商品を検索してみたら、旧型アイテムであったり、廃番であったりと、利益が出る可能性が高い**のです。

箱の日焼けは、とくに長期滞在のサインです。棚の上にある商品など、箱の日焼けをよく見かけます。大きい商品は邪魔なので、棚の上に置かれがちです。

ほこりはまだ掃えばキレイになりますが、日焼けしてしまったらそうはいきません。なので、商品が値下げされていれば理想的なパターンです。旧型を安値で仕入れて、あわよくばプレ値で売れたら最高です。

そこまでいかなくても、古くからの商品なので現行品ではないでしょう。定価で買ってもプレ値で利益が出るかもしれません。せどり脳で箱の汚れに反応することを勧めましたが、実はせどりのライバルたちは、箱が汚ければ、見向きもしないです。

この手の商品を仕入れ対象にしている人はあまりいません。最初から検索もしません。

だからこそ、違和感せどりのチャンスなのです。

もちろん、箱の汚れや日焼けは、出品時のコンディションには気を使う必要があります。ビックリするぐらい箱が汚い商品を店頭で見つけることがあります。それも個人商店ではなく、有名チェーン店の中にあります。それでも、商品自体は値上がりの可能性が高く、違和感として見逃せません。

本来、商品管理が甘い店舗は、お客の立場では歓迎できません。店員さんがだらしない店舗はノーサンキューの人が多いでしょう。

しかし、せどり的にはよい店舗です。**商品管理が緩いのなら、古い商品が残りやすく、お宝商品が眠っている可能性が高い**からです。

「この店舗の担当者、だらしないですね」

「そうです。よい店舗だから丁寧に見て回りましょう」

違和感せどりをする者なら、そんな会話になるはずです（笑）。

几帳面で、しっかり商品管理をする担当者のフロアなら、処分品はキッチリと1ヶ所に集められているでしょう。商品もキレイに陳列されて、古い商品があちらこちらに残っている可能性は低いです。まとまってワゴンやコーナーに積まれているので、利益が出そうな商品は1ヶ所に集まっていると考えます。こんなふうに整理整頓されている、反対にだらしない、というのも違和感せどりでは攻略のポイントになります。

開封感のある商品は仕入れNG

では、仕入れがNGのケースも紹介します。

お客への売り物である以上、外見が問題ないとしても、無条件に大丈夫と判断してはいけません。汚れやダメージによっては、仕入れを冷静に判断しなければならないときはあります。**慎重に扱う必要があるのは「明らかな開封感」のある商品**です。

長期間、店頭にある商品にはリスクもあります。それだけ数多くのお客の目にさらされている以上、中には「マナー違反」をする人もいるのです。中身を確認しようと、箱や袋を開けてしまうお客もいます。その際、不幸にも乱暴な人の手にかかってしまうと、箱や袋にはその痕跡が残ってしまいます。中身を確認するにしても、ソーッと開けて元通りに閉じたケースと、ガバッと開けて雑に閉じたケースではダメージが全然違います。

とはいえ、大事なのは中身です。開封感が残っていたとしても、絶対に仕入れ不可ではありません。

中身によって出品コンディションを変えれば問題ない商品もあります。その判断はどうすればよいのか。私はコンサル生に「**自分が買ったときに、この状態で送られてきてどう思うかで判断しましょう**」と指導しています。

たとえば、空気清浄器ならどうでしょうか。送られてきた際、大きな箱が少しへこんでいたとしても、私なら中身に問題がなければ文句はありません。そういう意味では、箱のコンディションが悪い場合、中身の商品の種類も大きな要素だと思います。

たとえば、電動工具ならパッケージの段ボールがそこそこボロボロでも大丈夫でしょう。使うことを目的とした商品だからです。

用途によっても基準は変わってきます。

さすがに贈答品に使うような商品なら、外見がキレイなほうがよいでしょう。箱が汚れていたり、開けてある印象を与えるコンディションは避けるべきです。

たとえば、「リカちゃんハウス」が届いたときに、箱が薄汚れているのは、受け取った相手はよい気がしないし、贈り主のイメージも損なってしまいます。

ちなみに玩具でいえば、ぬいぐるみには独特の違和感があります。ぬいぐるみなら箱ではなく、「袋のシワ」です。

ぬいぐるみはビニール袋に包まれて売られていることが多いです。でも長く陳列されていれば、子ども達がよく触ります。触れば触るほど袋はクシャクシャになります。つまり、クシャクシャな袋ほど古い商品ということです。

旧型のぬいぐるみは、利益が出やすい商品です。同じぬいぐるみが並んでいる中に、袋のシワが多いものがあれば、常に違和感として注意してください。

箱のコンディション不良に話を戻しましょう。

購買者が**「身体に直接使用する商品」に関しては、汚れた箱は扱わないほうがよい**かもしれません。

たとえば、家電製品でもエステ関連の商品や、電動歯ブラシのように口に入れて使用する商品は箱のコンディションに気を使ったほうがよいでしょう。

人気アイテムとして紹介した水筒も同様です。いくらその水筒が高値で売れるとしても、商品を包んでいるビニールがない状態など、パッケージのコンディションが悪ければＮＧにしましょう。もちろん新品なので不潔ではないのですが、そこは買い手の気持ちを考えるプロとしてせどりをしましょう。

ただし、慎重の度が過ぎるのも商機を逃します。

箱のコンディションに関しては、取引に慣れてくるまでは、石橋を叩いて渡り続ける人がいます。売れれば関係ないやとガンガン仕入れて出品するタイプもいます。

私がいつもコンサル生に言うのは、心配し過ぎる必要はないということです。

今まで紹介した違和感のポイントを読んで、最終的には、自分の感覚で決めるのが一番正しいと思います。自分がその商品を買ったらどう思うのか考えましょう。

あとは、知っておいてほしいのですが、数多くの商品を取引していれば、どんなにキレイな完品を売っても、一定数の悪い評価は付いてしまいます。これは仕方ありません。どんな商売でも起こりうるシチュエーションだと思います。

私はこう考えています。**FBAを使ってネットで商売している以上、直接クレームは来ません。**

反対にリアルな店舗では日々、もっとクレームや返品の嵐ではないかと思っています。そう考えれば、自分の毎日に感謝が生まれてきます。

確かにＡｍａｚｏｎは顧客第一主義です。販売者の我々からしたら理不尽と思えるような返品も受け付けてしまいます。しかし、こうしたお客優位のビジネスだからこそ、商品が売れているのだと考えています。この環境があるからこそビジネスとして成立するのだと前向きに捉えましょう。

● 開封した形跡のある箱は要注意

▲贈答品や調理家電、エステの商品など身体に直接当てる商品は、開封感があるなど箱のコンディションが悪いものは仕入れないほうがよい

● 電動工具などは箱のコンディションが悪くても仕入れOK

◀電動工具や空気清浄器などは中身の商品に問題なければ箱のコンディションが悪くても仕入れてもよい

section 29

見たことがない、使い方がわからない

商品知識や固定観念で自らビジネスチャンスを狭めるな

ここまで読んでくださった人には、もうおわかりでしょうが、私は商品知識が乏しい人間です。「これについては詳しい」という、得意なジャンルもありません。

なので、仕入れの際も、商品名を知らなかったというレベルではなく、何に使うものかがわからないというアイテムと頻繁に出会います。

たとえば、先日、アウトドア用品の人気ブランド・コールマンのある商品を違和感で見つけました。金属製のストローのような管です。出品して、利益が出ましたが、最後まで使い方はわからず仕舞いです。しかも外国製品なので、説明書を読むこともできません。

結局、それは、バーナーにオイルを注ぐための商品でした。**何に使うかはわからなくても、陳列場所や値付け、POP、箱の汚れで利益が出そうな商品はわかるのです。**

この例ではコールマンというメーカー名は知っていたので、アウトドア用品であることはかろ

うじてわかります。

しかし、知らないメーカーの商品だと、どんなジャンルの用途なのか見当もつかない場合があります。

ある商品は箱がボロボロだったので違和感をキャッチしましたが、パッケージの写真を見てもただのプラスチックの容器にしか見えませんでした。試しに検索してみたら、フットバスでした。しかもとても人気のある高ランキング商品です。

ＪＡＮコードで検索して、Ａｍａｚｏｎのページに飛んで初めて、こうやって使うのかと判明するわけです。

このように**違和感で引っかかったら、とにかく検索をしましょう。**

決して「自分が知ってる知らない基準」でせどりをしないでください。

違和感を基準にした検索、仕入れの流れに雑念を入れてはいけません。

せどりをする人の多くは自分自身で、使い方を想像できる商品だけを仕入れたがります。その固定観念は無用です。

自分で勝手に枠を作ると、仕入れの幅が狭まるだけです。

あえて強い言い方をしますが、1人の人間の知識はたかが知れているのです。そこにこだわっていてはビジネスが小さくなります。せどりは全国のユーザーを相手に仕入れをするビジネスです。

せっかく、無限のお客がいるのに、自分のこだわりのせいで、自分と知識や嗜好が似ている人しか相手にできなくなるのはもったいないです。この売り場には利益が出る商品がないとか、こんなわけのわからないメーカーの商品は売れるはずがないとか勝手に決めてはいけません。

見たことがない商品、使い方がわからない商品を排除しないでください。

知らないメーカー、知らない商品を選べば自分の先入観を壊す経験ができます。売上が伸びない人は自分の考えで凝り固まって、仕入れが偏ってしまっている可能性があります。

長くせどりに携わっている私が、あえて商品知識がなくてよいとくり返すのは、ビジネスの成功にとって邪魔だからです。

本当に**商品知識や固定観念はないほうがうまくいく**のです。余計な知識や情報がなければ、違和感で見つけた商品を片っ端から検索できます。仕入れ場所も、いろんな店舗に入れます。

よくわからない商品には大いにチャンスがあります。なぜなら店頭に並んでいても、その手の商品は売れにくいからです。

得体のしれない商品をわざわざ検索したり、店員に説明してもらったりするのは手間だから、多くの人はやりませんし、買いません。

しかし、Ａｍａｚｏｎなら、ほしい人が商品名で検索するため、需要があります。

だからこそ、あなたが**見たことがない商品やメーカーは、それだけで違和感として検索することをオススメします。**高値で売れる余地が十分にあります。

当然、私は女性用の化粧品はまったく知りません。それでも、古い小さい箱に入っている２５００円の商品を検索したら売値は2倍の５千円、なんていう経験がたくさんあります。もちろん、すぐに仕入れて、出品して利益を得ます。

見たことがなくて、使い方がわからない商品をフラットに見ていれば、違和感が働いてくれるはずです。

● 違和感があったらとにかく検索

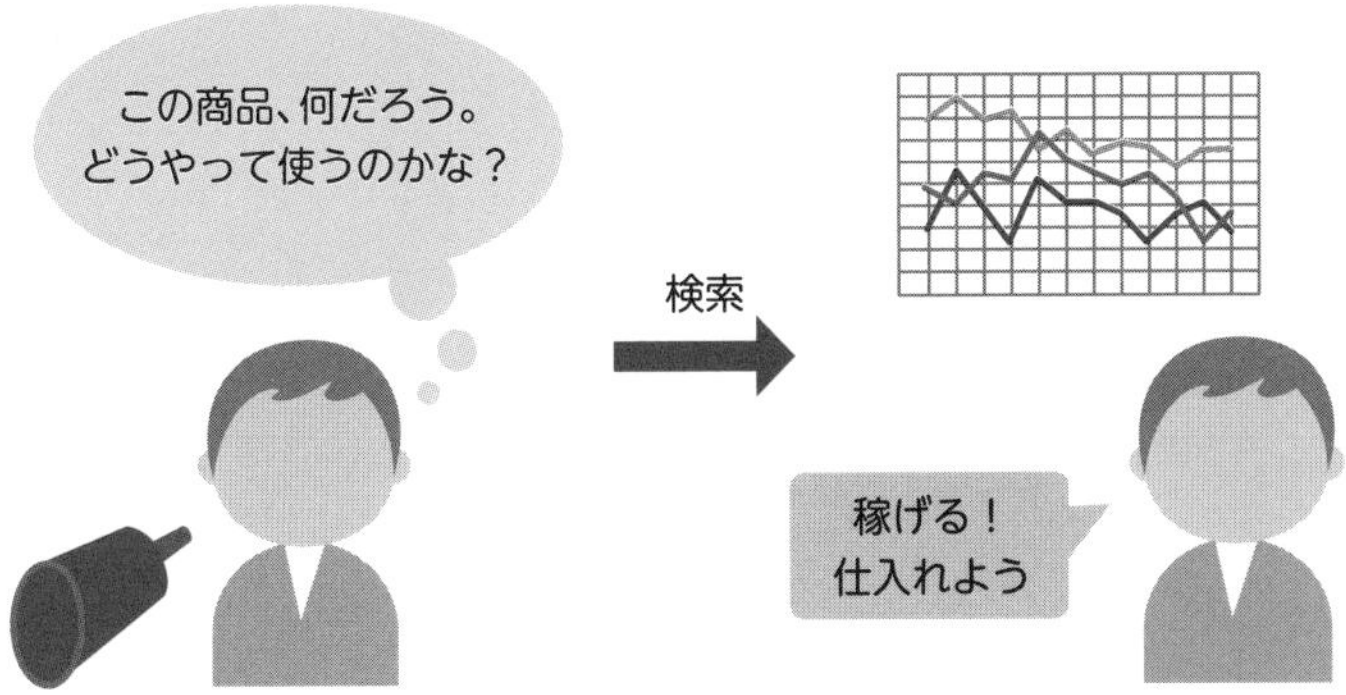

▲どのようなものかわからない商品でも、違和感があればとにかく検索してみよう。利益を出す商品である可能性が十分にある

section 30

どことなく「古そう…」な雰囲気がある

一昔前の商品っぽいものはお宝商品の可能性

基本的に「古い商品」は儲かる確率が上がります。今までそういう話をずっとしてきましたが、ここで紹介したいのは旧型や廃番に限定した「古さ」ではありません。

古い年代の商品は利益が出ます。せどり脳からすれば当たり前の法則ですが、意外に「こんな古臭いもの売れるわけがない」とスルーする人もいるので、あえて解説します。

はじめに言っておきますが、古い商品とは「中古品」を指すのではありません。これから解説するのは、どんなに古くても、あくまで「新品」についてのノウハウです。

今までも旧型や廃番の商品に対する違和感をいくつか紹介してきました。それに加えて、古い商品への違和感は……「自己基準」でお願いします。

そもそも古い年代の商品は、無限にあるので覚える必要はありません。**なにをもって「古そ**

う」かについて、目利きをする必要はないのです。

自分の感覚で古いなと思えればＯＫです。

たとえば、自分が子どもの頃に遊んだ玩具は間違いなく古いでしょう。私ならＬＳＩ（大規模集積回路）で動く小型電子ゲームは思い出深いです。液晶の「ゲーム＆ウォッチ」もプレーしました。もし新品が見つかれば高値で取引されるでしょう。

あるいは、その商品自体の知識がなくてもパッケージのモデルで判断することもできます。安室奈美恵さんなど、今では引退したタレントがモデルであれば古いです。サッカーのワールドカップ関連の商品で、出ている選手の顔ぶれが古いのも感覚的にわかりそうです。

とにかく自分が思う「古そうなイメージ」でかまいません。パッと見て、デザイン、機能、懐かしいなどの感覚……。このあたりの感覚は、あなたが思うのなら、日本全国の誰かは同じように感じるはずです。そこには潜在的な需要があるので、大丈夫です。有名タレントやスポーツ選手が関係していなくても問題ありません。

とくに昭和を感じるデザインは味があります。現代の感覚からするとパッケージのモデルの服がダサいとか、髪型が古いと感じるかもしれません。その**あなたの感覚を違和感にして探せば**十分です。アンパンマンの商品だけど、一緒に写っている子どもが古い気がするなら、すぐに検索してみましょう。

私が「古そうなイメージ」に違和感を持つようになったのには、きっかけになった商品があります。場所は、東京都大田区に以前あった「ダイシン百貨店」です。品揃えが豊富な地域密着の店舗で、何でも売っていました。キッチン用品売り場で見つけたのが、万能野菜調理器ベンリナー（当時3千円）。惹かれたのはパッケージです。明らかに古いムードが伝わってくるうえに、女性モデルが意外に可愛いかったのを覚えています。

早速仕入れると、Ａｍａｚｏｎで７１８０円で売れました。千切りキャベツが摺れる機能で、現行商品も売っています。現代には進化した商品があるのに、古い型に需要があるのです。**全国には古い型の商品をあえてほしいという人がいる**のです。いろいろな商品で旧パッケージが好きというファンも少なくありません。

先日、北海道で、ほぼ同じパッケージの洗剤が片方は半額まで安売りしていたので、店員さんに尋ねてみました。すると、「これ、中身が同じなのに、パッケージに金色のマークがあるかないかだけで値段が変わるのよ」と説明してくれました。

「違いはそれだけですか」

「そうなの、それで早く売らなきゃいけないの」

機能が変わらない洗剤ですら、パッケージの違いだけで値下がりするのなら、ほかの商品は当然下がります。安く仕入れられて、プレ値になりやすい商品なので、パッケージの古さを違和感で探すのはオススメです。

先ほど古いゲームを例に出しましたが、古ければ、そこまで高級玩具である必要はありません。普通の駄菓子屋にあった「懐かし玩具」でも十分売れます。

たとえば、「モーラー」という毛むくじゃらの架空の生き物の玩具がありました。今でも人気があります。当時は駄菓子屋に吊ってあり、子どもには少し高値の玩具でしたが、当時のモノなら、ネットでは数千円になります。懐かしいから遊んでみたいという感覚がある人は、ネットで購入するのです。

あるいは、「地球ゴマ」。ジャイロで回る玩具です。残念ながら今はもう手に入りません。見つけたらプレ値で売れる商品ですが、私はこれをお台場に家族でご飯を食べに行った際に入手しました。大人向けにレトロ調にしている駄菓子屋にありました。オフタイムでしたが、これぞと思った商品を見つけると、つい検索してしまいます。１５００円の地球ゴマが、１個５千円ぐらいになるのです。４～５個仕入れました。

古い年代の商品は、希少価値につながります。

発売当時は大量生産をされていたとしても、現在では希少価値から高値になりやすいものです。なのに、店舗では処分品扱いされるケースが多々あります。これらは、せどりにもってこいの商品です。あなたが子どもの頃に遊んだ玩具も高値でＡｍａｚｏｎで売られているかもしれませんよ。

今やＶＨＳ、ベータに関してはソフトだけではなくハードも高値です。ＶＨＳのビデオデッキは利益が出るので、私も売りました。当時、単純な7〜8千円で売られた再生専用機に、ネットでは2〜3万円の値が付きました。家電量販店で「1人1台」のルールだったので、毎日通って、何台買ったかわかりません。

店頭で「古そう…」と感じたら、検索あるのみです。

● 自分が「古そう」と感じたものは違和感リサーチを

▲商品の「古い」に基準はない。自分が「古そう」「なんか懐かしいな」と感じた商品は検索しよう

section
31

キャラクターが付いている

有名キャラクターが付いている商品は検索対象

私は同行コンサルを始める前に、「疑問に思ったことは何でも質問してください」とコンサル生に伝えています。ですので、店舗を回っている最中にいろいろな質問を受けます。

私が違和感のある商品を検索すると「なぜその商品を検索するんですか」と訊かれることが多いのですが、よく私が回答するのは、次の答えです。

「キャラクターが付いているからです」

そうです。**キャラクターが付いているというだけで違和感アイテムだと思ってください。**

これは、ありとあらゆる商品で有効です。

水筒、お弁当箱、筆箱……世の中にキャラクターと関連した商品がまったくないジャンルのほ

うが珍しいでしょう。値引きや陳列されている位置は関係ありません。私はキャラクターが付いているという理由だけで検索します。違和感としてそれで十分です。

たとえば、お弁当箱が並んでいるコーナーに行ったら、私はまずキャラクターの商品だけを検索します。根強い人気があるのは、ずっと変わらないキャラクターです。ドラえもん、ジブリ、サンリオは申し分ありません。

とにかく熱狂的なファンがいるうえに、新規のファンも増えているので、人気が衰えないのです。たとえば、キティちゃんならどんな古い商品でもほしがる人はいます。出品すれば、定価2千円ぐらいのキティちゃんのフードジャーが5千円でも売れます。

ここでも同じことを言いますが、商品知識は関

● キャラクター付き商品に違和感を抱く

▲知っているキャラクターなら利益が出る商品かもしれない。有名キャラクターならその可能性も高くなる

係ありません。

あなたが**知らないキャラクター**でも検索してください。

もともと、私はテレビを見ないですし、そのキャラクターや作品を詳しく知らないことが多いです。それでもイラストが描いてあれば即検索します。

当然、流行りも重要です。しかし、今流行っている作品は何だろうと必死にリサーチする必要はありません。普通に生活していて、情報として入ってくる「流行キャラクター」でよいのです。

もし1個、**「これは人気」というキャラクターを見つけたら、しばらくそればかりを検索するぐらいでもかまいません。**実際、それほど人気があるキャラクターは商品もよく売れます。たとえば執筆時現在なら、「すみっコぐらし」は無条件で検索します。

人気作品の旧モデルや旧デザインが、せどり的にはベストです。ドラえもんのお弁当箱は毎年のように発売されますが、数年前のお弁当箱は同じドラえもんのキャラクターでも、入手が困難です。当然プレ値になります。

今はもうなくなってしまいましたが、千葉県木更津市のダイエーの店内に、お弁当箱の専門店がありました。私は常連でした。その店舗がありがたい存在だったのは、現行商品がほとんどなく、古い商品ばかり置いてあったからです。きっと他店の売れ残りを仕入れて販売していたのでしょう。行けば、カゴが2つは一杯になるぐらいの数のお弁当箱をレジに持っていって、仕入れていました。

その頃の経験があるから体感でわかります。「これ、昔の作品だから売れないよ」は、その店舗の中の話です。ネットで全国に見せれば、ほしい人は必ずいます。

「供給不足」のキャラクターも要チェック

この人気にも、ほしい人が多い「需要過多」で売れるものと、**生産量が少ない「供給不足」で売れるもの**の2種類があります。

戦隊、プリキュアなどでたとえるとわかりやすいでしょう。

メインで活躍する「赤」や「青」的なキャラクターは人気がありますが、商品の生産量も多くなります。需要と供給が合致している可能性があります。

しかし、それ以外のメンバーなら需要と供給のバランスが崩れているかもしれません。つまり、「黄」や「白」のキャラクター商品は供給不足になりかねないということです。ほしい人に対して、十分にいきわたっていなければチャンスです。

ドラえもんであれば、ドラえもんやのび太、しずかちゃんより、スネ夫の商品のほうが利益が取れる場合があるのです。

サンリオのキャラクターと聞くと、キティちゃんを一般的には思い浮かべがちですが、ほかにも人気キャラはたくさんいます。ぼんぼんりぼん、シナモロールも人気があります。そういうキャラを見つけたら、迷いなく検索してください。

キャラクターが付いている商品は、違和感ポイントのレベルが上がると考えてください。

「ザバス」というプロテインブランドがあります。ノーマルなただのプロテインシェーカーだけだと利益が出なくても、「グラップラー刃牙」のイラストが入ってたら3千円以上でも売れます。範馬勇次郎（主人公・刃牙の父親）でもよいのです。

これは1つの例ですが、どんな商品でも、キャラクターが付いていたら検索してください。

section 32

「限定」の文字が入っている

限定商品はプレ値が付きやすいがヤリ過ぎに注意

もし目の前の商品に**「限定」の文字が入っていたら、どんなジャンルであっても違和感せどりの対象と考えてください。**食べ物でも家電でも文房具でも、ジャンルは問題ではありません。「ご当地限定」もそうですし、「限定生産」も何でもそうです。

意外にオススメなのは「店舗限定」です。その店に行かなければ手に入らない商品はそれだけで価値を生みます。

私は全国展開しているホームセンターの「〇〇店限定」の「水道の蛇口」に違和感をキャッチして仕入れたことがあります。1万で仕入れたら、2万円で売れました。

でもこれは、もったいない思い出です。なぜなら蛇口を取り扱うのは初めてだったので、売れ残りのリスクを考えてしまって4個しか仕入れなかったからです。店舗にはあと8個も残っていたので、全部仕入れていたら、結構な利益を出せていたはずです。

テーマパークの「店舗限定」商品は、希少価値が付きやすいので、さらに大きい利益が期待できる場合があります。

ただし、必ず本当の「限定」かどうかを確認することを忘れないでください。特別な場所に仕入れに行くと、何でも価値があって売れそうな錯覚を起こすので注意です。誤解してはいけません。必ず「店舗限定」の商品を探してください。

限定的な商品を仕入れることが目的という話ではありません。わざわざ入場料や交通費を投じて、利幅の少ない商品を仕入れるのは失敗です。テーマパーク内のショップで販売していても、ほかの場所で買えるなら思ったほど高値にはなりません。

店舗限定で、たとえば「子どもの日のためのバージョン」の商品などは、常にプレ値を維持し

● 店舗限定の違和感アイテムを狙え

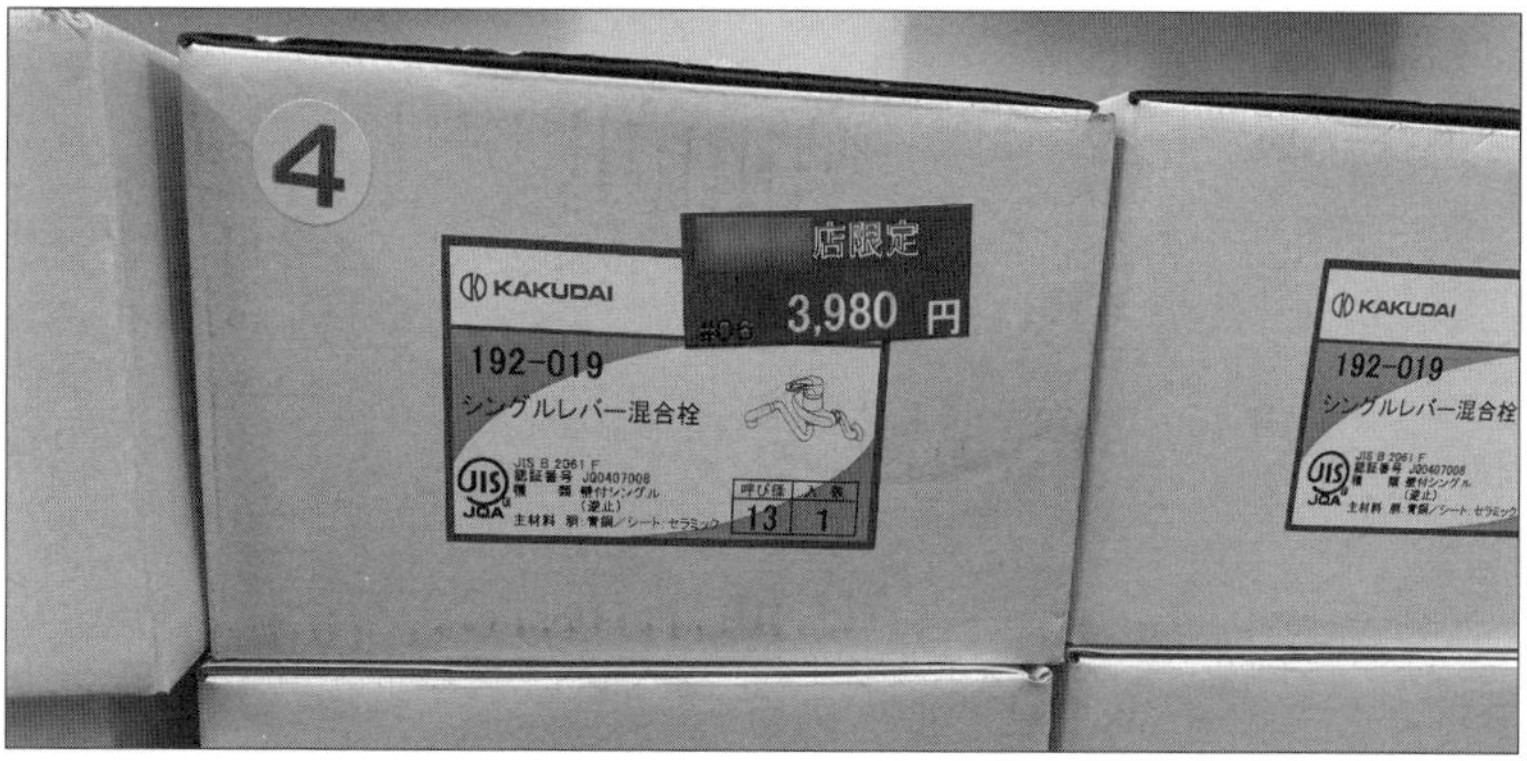

▲とあるホームセンターで売られていた店舗限定の水道の蛇口。私の仕入れたものとは別物だが、このような店舗限定商品は意外と見つかる

ています。この仕入れのためだけに、せどり用に年間パスを購入する人もいると耳にします。

最後に、個人的な意見ですが、**やり過ぎないことを心がけましょう**。

ガツガツ総取りするような行為は避けてください。テーマパークの限定商品の仕入れは、本来は遊びに行ったついでに、小遣い稼ぎ程度に留めるのが美しいと思います。

第6章

「商品種別」に違和感を感じる

section 33

お悩み系の商品

ファン化したヘビーユーザーは使い慣れた商品を欲する

ここからは商品別の違和感せどりを紹介します。

まず**「コンプレックス解消系、お悩み系の商品」は高値になりやすい**です。美容系、理容系のカテゴリーです。薄毛のブラシ、育毛、脱毛関連の商品もこのカテゴリーです。

同じようなタイプの商品でも、お悩み解消系の要素が入っている商品のほうが利益を取りやすい傾向があります。感覚的には２～３倍は値上がりするイメージです。

違和感のポイントで、廃番や旧型の商品を見つければプレ値になる可能性は高いです。実際の効能以上に、ユーザーは使い慣れた商品にこだわり、どうしても「アレがほしい」という心理になるからです。新旧が切り替わる時期がある商品は意識して狙ってみましょう。

腋汗パットなどは１００円で買ったアイテムが２～３千円で売れたりします。

このように、ファンが付いている商品は強いです。

もともと千円ぐらいの定価の商品でも、廃番になったら店舗では早く処分したいため、100円ででも放出します。ヘビーユーザーからすれば、どうしてもストックしておきたいから何個でも、高値でも買うのです。

匂い系もそうです。デオドランド系のシャンプー、ボディソープは高値になりやすい商品です。入浴剤などは地味にしか稼げなさそうですが、定価の2倍以上にもなる商品もあります。

育毛効果のあるシャンプー、コンディショナーも同様です。廃番になると、ほぼプレ値になります。

また、**単品での出品では利益が出なくても、複数の組み合わせなら儲かるケースがある**のが、お悩み系の商品の面白いところです。コンサル生から「1個ではダメでしたが、3個セットだと利益

● 稼げる商品が多いお悩み系商品

◀廃番商品はとくに利益を出すことができる。また、商品を複数組み合わせることで利益を出せる商品もある

が出るので仕入れました」という報告もよく受けます。Ａｍａｚｏｎでは、シャンプーをセット価格にすると、高値で売れる可能性があります。

私個人は日焼けを気にしません。しかし、日焼け止め化粧品を仕入れることはできます。主にＵＶ－Ｂ（紫外線Ｂ波）の防止効果を表す目安の数値でＳＰＦ（サンプロテクションファクターの略）があるのですが、50の商品が多いです。大体、この数値の商品を買う人が一般的です。つまり、効果が強いので、より日焼けをしないようにできるわけです。

しかし、メーカーは弱めの「ＳＰＦ30」の商品も出しています。50に比べたら効果は薄いのですが、自然な肌に見えるようです。**流通しているロット数が少ない分、ほしい人はすごく求めます**。供給不足の状態が慢性化しやすいため、同じ日焼け止めでも王道の商品よりもプレ値になりやすいのです。

一方で、店舗では30がほしい人は50がほしい人より少ないのが実情です。結果的に売れにくいから処分品になってしまいます。安値で買って、プレ値で売れるメカニズムです。

家電量販店にも脱毛コーナーがあります。脱毛関連の家電があるからです。たとえば「光脱毛器」です。これも一世代前の型なら機能はほぼ一緒なのに、高値になります。

私がせどりを始めたとき、1万5千円ぐらいで仕入れて2万5千円で売れる脱毛器があったのですが、内心はビクビクしていました。仕入れ値が高いので、売れなくて在庫になったら困るとか、返品になったらどうしようと不安があったからです。もちろん、問題なく利益を出すことができました。

美容系、理容系の商品は誰にでもお気に入りがあります。しかし、ドラッグストアで何でも手に入るわけではありません。自分がほしいタイプが置いてないことはままあります。

私自身、髪の毛に付けるムースにこだわりがあります。知人からプレゼントされたのがきっかけですが、それ以来ずっと同じものを使い続けています。

そうなると、ストックを切らしたくありません。ドラッグストアには売っていなくても、ネットには、本体のボトルもあるし、詰め替え用のパックも売っています。そこで補充できると思って安心して買っています。

だから、お悩み系の商品に手を出し続ける心理はわかります。

このジャンルは廃番になると、まず高値になるので、お悩み系の商品で違和感を見つけたら必ず確認したほうがよいでしょう。

ただし、**医薬品は扱ってはいけません。薬機法で規制されている医薬品は、一般出品者は販売できないので注意が必要**です。

section
34
ペットものの商品

安定して利益が出せる意外なカテゴリー

ペット商品の違和感せどりもほかの商品と変わりません。

違和感で商品を見つけて、検索して、利益が出るなら仕入れる。まったく同じです。

実際に**ペットを飼っているとか、詳しいとか関係ありません**。

まず商品としてはお手入れグッズがオススメです。これは安定して利益が取れる商品なので覚えておいてください。たとえば、ブラシなどの毛取りグッズが商品として堅いです。処分品を買っても5～6千円で売れる高値になりやすい商品もあります。

また、ペットケージや、運ぶためのキャリーケースなども見逃さないでください。

大きい商品ではありますが、コンスタントに売れています。送料を払っても利益が出るなら仕入れてしまったほうがよいです。1万円以上のケージが5千円ぐらいで安売りされている場合もあります。

しかも、この場合なら外箱が多少ボロボロでも問題ありません。配送ラベルを直に箱に貼ってしまってもOKです。使うことを前提としているので、中身がキレイならお客も不満は持たないからです。

ほかのペットで考えるなら、水槽も人気アイテムです。配送の際に割れそうなイメージがありますが、しっかり梱包して送れば問題ありません。大きいため、店舗では早くさばきたいタイプなので値下げ品も狙えます。

その周辺の商品として、たとえばイグアナを飼う水槽に入れるレイアウト用の木や石などのような商品も見逃さないでください。

違和感のポイントはペット商品でも同じというのは、家電などとまったく同じ状況が売り場で起きているということです。

● 水槽はしっかり梱包して配送すれば販売できる

▲水槽は大きめなので、店舗としても早く売ってしまいたい商品

季節の切り替え、新旧のパッケージの入れ替え、そこを意識すれば、利益の出る商品が見つかります。同じように考えてください。

たとえば、**「冷やす」と「温める」に関する商品は、真逆のシーズンが狙い目**です。

ペットショップも、季節によって処分品が出てきます。

夏は熱帯魚用の冷水設備が売れます。反対にヒーター類が安く売られています。夏は温める系の商品は処分品として端に置かれます。

猫が入る「ねこ鍋」にも冬用の暖かいタイプと、夏用のひんやりタイプがあります。当然、冬はひんやりタイプがオフシーズンですし、夏は温かいタイプがそうなります。そのタイミングで仕入れても、ネットでは通年で売れるのです。

ペットのトイレは、キャラクターものが売れま

● ペットショップにもある「季節商品」

▲ペット用のひんやり系アイテムも通年売ることができる

す。毎年、キティちゃんのトイレは発売されるので、新作が出たら、旧型の値上がりを待つのも手です。キティちゃんの廃番になった商品なら定価の2倍以上になることもあります。

最後に犬・猫用のペットフードについて触れておきます。

これはペットの成長段階で商品の構成が違います。「子犬・幼犬、成犬、高齢犬」などと分かれています。

私のオススメは高齢犬用ペットフードです。高値になりやすいからです。

それだけ飼い主さんが気を使っているのだと思います。この年齢のためのペットフードだとこだわりがあるのでしょう。

ただし、ペットフードの処分品には気を付けてください。

ペットフードが安くなる理由は、賞味期限が近付いている可能性が高いのです。これを狙うと、Ａｍａｚｏｎの「要期限管理商品」（サプリメント、食玩、ペットフードを含む食品全般）に抵触し、Ａｍａｚｏｎ倉庫に到着時に「消費期限が60日以上残っていること」の規定との兼ね合いなど別の問題が発生します。

ですので、**ペットフードに関しては処分品よりも「パッケージの切り替わり」を積極的に狙いましょう**。これだけでも、場合によっては、定価で購入しても利益が出ます。さまざまな店舗で回収して歩いてもよいかもしれません。

● ペットフードの仕入れは要注意

▲検索で利益の出る商品とわかっても、消費期限がAmazon倉庫到着時に60日以上残っていないと売ることはできない

● ペット商品ももちろん違和感せどりの対象

▲商品の入れ替えで半額で売られているペット商品。違和感を抱いたら、検索してみよう

section 35

子ども／お年寄りものの商品

自分とは縁遠い商品と思ったら逆にチャンス

ここでは、**子ども向けとお年寄り向けの違和感せどり**を紹介します。

あらためて言わなくてもおわかりだと思いますが、あなたの周りに子どもやお年寄りがいなくても、仕入れには何の問題もありません。たしかに世の中には、子どもしか使わない商品や、お年寄りしか使わない商品が溢れています。ある程度の商品知識がないと扱えないのではと心配する人もいるかもしれません。しかし、私も数多く扱っています。

これらも違和感だけで、売れる商品を見つけることができます。

まずはオムツです。子ども用とお年寄り用、両方扱って感じているのですが、むしろお年寄り用のオムツのほうが種類が豊富です。子ども用も高齢者用もどちらも廃番になると高値になります。

ですので、違和感でオムツの中から旧型や廃番の商品を見つければ、利益が出る可能性は高いです。この手の商品は処分になっている場合も少なくないので、ネットでプレ値になっていれ

ば、大きく稼げます。

以前、子ども用の商品では「抱っこ紐」が人気アイテムでしたが、残念ながらこちらの商品は取り扱いに規制がかかりつつあります。でも、抱っこ紐と併用して使うベルトカバーは扱うことができたりします。

また、哺乳瓶に関しては以前バブルがあり、1個につき千円ほどの利益が出る時代がありました。これは海外の観光客が爆買いしていたからです。定価で買っても利益が出ていたほどでした。その影響で、哺乳瓶の先に付ける乳首（赤ちゃんがくわえるゴム状の部分）は、一時期品薄になりました。定価で買っても1個４００円ぐらい利益が出て飛ぶように売れる商品がありました。今はそこまでの利益にはなりませんが、哺乳瓶関係は依然として要チェックです。

そのほかにも、哺乳瓶の消毒ケースはキャラクターが付いていると高くなります。おしゃぶりもイラストによって、廃番であれば高値で売れます。

子どもが乗って遊べる車を見たことがあると思います。子ども用の四輪車を「足蹴り車」と呼ぶのですが、あの商品は、自転車コーナーに置いてあります。クリスマスシーズンになると、大人気です。アンパンマンなどの**キャラクターであれば、うまくいくと定価の2倍**になるのも珍しくありません。

お母さんを対象とした商品もよく売れます。

お母さんの乳の出が悪い場合に使用する搾乳機、とくに電動の商品は高値になります。マタニティコーナーは男性が入りづらいエリアではあります。妊婦さん用の下着は利益が出ますが、これはさすがに男性は買いにくいかも……。

オススメなのは「母子手帳ケース」です。一度買ってずっとそれを使うのではなく、女性は何度も買い換えたがる傾向があるようです。そのため、1年中売れますし、定期的にセールもしています。

あとは、赤ちゃんのお尻拭きを温める「お尻拭きウォーマー」が売れます。お尻を拭いたときにヒヤッと冷たいと赤ちゃんが泣き出すので、事前に温めておける機械です。もしディズニーなどのキャラクターが付いていると、高値になりやすい商品です。実際に、私は千円で買って3〜4千円でたくさん売った経験があります。

さて、お年寄りの人気アイテムも見てみましょう。

まずは寝間着です。よく目にする介護用のつなぎパジャマ。ピタッと張り付き、病院などに介護や入院で使用するタイプです。これは人気があります。

次は、シルバーカー、いわゆる手押し車です。この商品、**利益が5千円から1万円以上出るタイプも少なくありません。**

また、今は「杖」の種類が豊富です。キティちゃん柄の杖もあるほどです。通常の杖は長いのでＡｍａｚｏｎの倉庫では大型の扱いになりますが、折り畳みの杖なら標準サイズで扱いやすいでしょう。

購買対象が誰であれ、自分と縁遠いと思わず、果敢にチャレンジしてみてください。

● 敬遠しがちなお年寄り向けの商品

▲周りにお年寄りがいなくて商品知識がなくても、チャレンジしてみるとよい

第7章

お店の中、私ならこう動く

section
36

入店する前に外のコーナーをチェックする

どんなコーナーでもじっくり見ると違和感アイテムあり

さあ、それではいよいよ実際にせどりの仕入れに行ってみましょう。あなたには、この章に至るまでに、違和感せどりのノウハウをたくさん紹介してきました。

ここからは実践編です。仕入れ先のイメージとしては、郊外型の総合スーパーの大型店舗にしましょう。

まずは一番最初の注意点です。すぐに入店してはいけません。

店内に入る前に、店舗の外に視線を向けてください。何が見えますか？　これぐらいの大型店舗なら、店舗の外側にもいくつか小さな売り場が並んでいるはずです。ホームセンターなら、店舗の外は植木や工具、生花、自転車などの販売コーナーがあります。それらの場所も重要な仕入れ先になります。お宝が眠っていることもあるので、素通りするのはもったいないです。

大型店舗に限らず、**店舗の外周には何かあるかもしれないという意識を持っていることが大切**

です。もしかしたら、パッと見で植物しかないとガッカリする場合もあるでしょう。しかし、「植木だから仕入れ対象の商品はない」ではなく、植物が並んでいる間に、せどりとして扱える掘り出し物があるかもしれません。

私はホームセンターの店舗外にあった植物の売り場で、ソーラー式のガーデンライトを見つけました。千円で仕入れて3千円で売ったこともあります。

アウトドアのテントやテーブル、サンシェードも外の売り場で見つけました。1万円で売れるテントが2千円で売られていたりします。段ボールに入ったマジックホースも、意外に高値になります。ですので、店舗の外周からしっかり見て回りましょう。

どこの売り場にも何かしらの可能性があります。せっかく仕入れに行くのなら、とにかくすべての売り場を意識することです。店内も店外も万遍なく確認してください。いきなり店内に入ってしまえば、仕入れのチャンスを減らしていることになります。

最初にグルッと全周を回ったほうがよいです。意外に処分品コーナーは店外にも設置されているのです。

● ホームセンターの外にあるコーナーに眠るお宝商品

▲利益が出なそうとスルーせず、じっくり見ると違和感アイテムもある。検索するとプレ値になるものも

section 37

店舗の入り口では季節を考える

違和感センサーを研ぎ澄ますための季節感覚

外周のチェックが終わったら、いざ店内です。

ここでもう一度、違和感せどりの基本をおさらいしておきます。

まず、店舗の入り口を通る前に、今の季節を考えてください。夏なら夏、冬なら冬。どのシーズンなのかを意識してください。なぜなら**入り口を入ってすぐのメインのポジションには、季節感のあるイチオシ商品が並んでいる**はずだからです。

季節から生じる違和感は、仕入れを大きく左右します。あなたが抱いている季節感のフィルターを通して、そこにある現行の商品と、旧型の商品を意識してみてください。

夏や冬のように寒暖がハッキリしていない中途半端な時期でも、その前後の季節を意識すれば違和感をしっかり感じ取れます。

たとえば、季節は秋なのに夏物商品が残っていたらおかしいでしょう。

次は冬物が並んでいるはずなので、その夏物は今年の新製品の売れ残りなのか、倉庫から取り出してきた旧製品なのか、いずれにせよ利益が出る可能性があります。パッケージのボロさや、ほこりを被っている具合などでも違和感が発生します。

現行商品も季節が終わればプレ値になります。季節を常に意識していれば、そういう稼いでくれそうな商品が目に入ってくるはずです。

もちろん、値下げ幅があと一歩足りないなどの理由でまだ利益が出ない商品があります。もう一段階下がれば、と感じる商品が出てくるのです。そういう商品は忘れずにチェックしておいてください。後日、また店舗を訪れたときには、さらに値下げして処分品になっている可能性が高いので、その際に仕入れる候補として目を付けておき

● 季節商品は入り口前の目立つ場所にある

▲今の季節感を考え、入り口前に並んでいる商品がこれからの季節の商品か、過ぎた季節の商品かを考える

ましょう。

季節を意識して回っていれば、違和感のある商品が見つけやすくなります。とはいえ、注視すべきは地域の格差よりもリアルとネットの格差です。

「ウチの地域はまだ暑いから」とは考えない

あなたの住むエリアが例年より暑いか寒いかにこだわると、仕入れに悪影響を及ぼします。暑くなる時期が早まったり、遅くなったり、寒くなる時期も常に誤差があるものです。統計的にも毎シーズンが同じではありません。

そこは関係ないのです。「ウチの地域はまだ暑いからな」という意識は持たないでください。寒暖の地域格差は日本全国にあります。

季節として意識する**大事なポイントは、各地域や、時期の格差ではなく、店舗とネットとの格差**です。

くり返しになりますが、大体のシーズンの商品はＡｍａｚｏｎなら通年で売れます。7月の仕入れで夏を意識するのは、店内で違和感のある商品を見つけるために必要な感覚だからです。夏だけど自分の地域は涼しいから「ＵＳＢファン」は売れないだろうと考えてしまってはいけません。日本全国には必要な人がいるはずです。自分の地域の季節の暑い寒いを基準にすると、違和感のセンサーが鈍ります。

夏の終わりになると、クール系の入浴剤はプレ値になります。お風呂に入れるとひんやりさせてくれる入浴剤です。頭がスースーするトニックシャンプーも同様に人気です。

その手の商品が夏以外に見つかれば、私は１００％検索します。日本全国には、真冬であってもひんやりしたお風呂に入りたい人がいるからです。トニックシャンプーで一年中、頭を洗いたい人もいます。だから、処分品ワゴンにこれらの商品が入っていたら、ラッキーだと感じます。

売りたがってる商品にも、旬だからメインで売りたい商品と、早く処分したい商品の2種類があります。メインのエリアは現行商品のものなのです。ハッピを着た店員さんが売り場に立って、「お買い得ですよ」と宣伝しているのは、その時期の売り時の商品です。

何度も言うように、値下げして、カゴに入れて無造作に置いてあるような商品があります。なんでこんな扱いをされるのかと違和感がたっぷり出ています。店員さんの立場になれば、そこに置くしかないからです。早く店内からなくなってほしい。邪魔だから、安くして置いてある。あるいは、在庫限りのＰＯＰや、値下げシールを何枚も重ね貼りしてある。それらの**早く処分したい熱量をいかに読み取るかが違和感せどりの基本**です。

メイン商品も売れ残れば、やがて値下げされて処分品になります。

ですので、自分の仕入れ先として「ホーム店舗」を持ち、定点観測をするのも効果的なせどり上達法だと思います。せどりを始めれば、それぞれプレイヤーとして得意な店舗ができるはずなので、そこを定点観測してみてください。違和感は、定期的に眺めている売り場でこそ感じやすくなります。「いつもと違う」ものを探しましょう。

もし、**せどりを始めてなかなか利益商品に出会えないという状況なら、ここだという1店舗に絞って、徹底的にチェックするのも手**です。

自分が気に入ったホーム店舗を作ってみてください。その店舗の商品の値段は全部把握するぐらいの勢いがあるとよいですね。「この店舗で利益商品が生まれたら、絶対に自分が見つけてやる」という意識で通っていれば、必ず売上は伸びていくはずです。

section
38

各コーナーに直行せず店内の外周を歩く

まずは店内を回って全体の雰囲気を把握する

いよいよ店内の仕入れに動きます。ただし、いきなり各コーナーへ直行するのは控えてください。慌てて動くと、違和感が十分に働かなくなります。結果的に仕入れの精度が下がります。まずは、店内の外周を見て回りましょう。

と言っても、何回も通っている店舗なら、その必要はありません。しかし、初めて訪れた店舗なら、このひと手間は確実に大事な作業です。

まずはとにかく店内の全体の雰囲気を把握してください。細かく見て歩くのは、そのあとでかまいません。

ワゴンや処分品コーナーなどについて、もし最初から細かく見てしまえば、時間配分がおかしくなってしまいます。せどりの経験がある人はわかると思いますが、1、2時間など簡単に、すぐに経過してしまいます。それでは限られた仕入れの時間を浪費しかねません。

せどりのプロを目指すのであれば、時間を有効に使うためにも、**最初の段階でその店舗の傾向を平均的にザックリと大掴みで見る**ことです。

違和感せどりなので、たしかにワゴンや安売りコーナーのチェックはします。しかし、それは実際にワゴンの中を見て回るのが大事なのではなく、この店舗は**ワゴンをどう配置しているかや、値引きのやり方はどうかなど、その店舗を攻略するための情報を収集するためにやる**のです。

私なら、10分くらいあれば店内の外周を回り情報収集できるので、そこから検索を始めます。

しかし、まだせどりに慣れていない時期なら、外周を一度回るだけではしっかり情報を掴めないかもしれません。データ収集があやふやな状態で各コーナーを回っても効果が薄くなってしまいます。ですので、その場合は2周まわって、キチンと頭に入れるほうがよいです。それから細かく見始めたほうが違和感の精度は上がります。

じれったいと思う人もいるでしょう。早く商品の検索を始めたい気持ちは痛いほどわかります。その逸る心を抑えて、全体把握のために回る時間には価値があるのです。

コンスタントに仕入れを安定させたければ絶対に必要です。

1周目では気づかなかった事実に、2周目で気づく部分があります。

細かくチェックするときに役立つ情報をインプットするのです。季節商品の処分品があった棚や、ワゴンの位置、値下げしている値札。その中で、どれが本当に儲かる商品につながる違和感なのか、気づけることが大事です。

あるいは、商品の入れ替えなどが、どこで行われているのか。たとえば、夏ならプール関係の商品が置いてあった場所は、入れ替えの対象エリアとして覚えておくとよいでしょう。

慣れてくれば、その店舗の整理整頓のクセ、店員さんの様子にも気づけます。

ただそれでも、**絶対に強く違和感があると感じたワゴンを見つけたのなら、外周チェック中でも検索を始めてもよい**でしょう。

せっかく掘り出し物を見つけたのに、周回にこだわって、スルーしたら、戻ってきたときにすで

● 入店したら店内の雰囲気を確認

▲まずは店内を周回し、違和感アイテムがありそうな場所を把握しておこう

にほかの人に買われてしまうリスクがあるからです。

検索作業を終えたら、すぐにもとの周回コースに戻ってください。

ついでだからとほかのワゴンを見たり、違うコースに入り込んでしまえば、利益になる商品を見落としてしまうリスクがあります。

情報収集はオンとオフを切り替えて行ってください。

ときには見切る勇気も必要

外周チェックでは魅力的に見えても、あとで細かく検索したら、利益がまったく出ない商品ばかりのワゴンだと判明するケースもあります。

店舗の管理がルーズで、まったくジャンル関係

● ワゴンだからとすぐに飛び付かない

▲ワゴンセールをしていても、利益の出ない売れ残り商品ばかりを寄せ集めている可能性もある。しっかり検索を

なしに、売れ残った商品を集めてるだけなんてわかるとガッカリします。

その場合は、**冷静にこれは「残念なゴミワゴン」だと見切ってください。**

最悪な場合、店舗自体に仕入れ場所としての見切りを付ける場合もあります。どうもこの店舗は値下げ感が薄いなとか、タイミング的に掘り出し物には出会えそうにないなと感じ、検索対象の商品が少ないのなら、ズルズルいくよりはスパッと他店に行くのも手です。

違和感はないけれど、もっと細かく検索し続ければ儲かる商品が見つかるかもしれない、なんて考えに陥らないでください。それでは、ただの当てずっぽうです。

店内に入ったら何か見つけないと気が済まないという感覚は良し悪しです。

当然ながら、仕入れをあきらめて外に出ることが正解なのか、本当の答えはわかりません。それでも、プロとして自分の基準を持つことは大事です。

そのためにも**外周を歩き、大雑把に見て判断する基準を養ってください。**

section 39

いよいよ各コーナーに入って検索する

違和感せどりのメソッドはどのコーナーでも通用する

店内の外周を回って、その店舗の大まかな情報を掴んだあなたは、各コーナーで違和感で商品を見つけ、検索を開始します。

では、一番最初に見るべき場所は……とくにありません。どこから見るかは、あなたの自由です。もっとも違和感が漂うところから攻めてもよいですし、入り口の右側から反時計回りに攻めてもよいでしょう。私自身は、各コーナーを全部回りやすいように、端から入るイメージです。

では、各コーナーごとの攻略法は……すでにお伝えしています。突き詰めていくと、どの店舗であっても同じ見方なんです。**違和感を見つけて、検索し、利益が出るなら仕入れる。そのくり返し**です。今まで紹介してきた違和感せどりのポイントを実戦で活用してください。トータルでは同じなのです。

このコーナーはこう見るとかではなく、同じメソッドが通用するからこそ、どのコーナーでも

見られるのです。全国、どこの店舗に入っても違和感せどりで、同じ仕入れをすることができます。

サービスカウンターだってスルーしない

たとえば、ホームセンターやディスカウントストアなどで集中レジと別に設置された形でよく見かけるサービスカウンターから見るのもよいでしょう。サービスカウンターを店舗と見なさず、スルーする人が多いです。

たしかに、一見すると、表札や合い鍵など、せどりの対象になりにくい商品が並んでいる印象があるかもしれません。

ですが、そんな固定観念は早々に捨ててください。むしろ、**サービスカウンターには通常の店内にない特別な商品があり、高利益の商品が隠れている可能性がある**からです。

サービスカウンターは要チェックです。あのショーケースの中には高価な商品が置いてあります。つまり、ほかの売り場でむき出しの状態で置いておけない、ちょっと高価なものが集まっています。カー用品ならドライブレコーダーやカーナビなど、あるいは高級腕時計、カメラなどが陳列されているのです。売り場にショーケースがない店舗であれば、サービスカウンターの側に置いてあります。

もし、それらの処分品があればお宝の可能性が大です。なにしろ**もともとの単価が高いから、ネットでは大きな利益にもなりやすい**のです。

私は九州のホームセンター・ナフコにおいて、工具売り場では「在庫限り」で1台しかなかった処分品が、サービスカウンターにたくさん保管してあるのを見つけました。また、島忠のサービスカウンターには携帯サイズのプラズマクラスターがゴッソリと置いてあった経験もあります。値下げされて2千円ぐらいで仕入れ、6~7千円で売れました。

難点があるとすれば、ショーケースの中には、バーコードリーダーのビームが届かない場合があることです。JANコードが不明でも、キーワード検索をする価値があります。利益が出る可能性

● スルーしがちなサービスカウンター

▲サービスカウンターには高価な商品がショーケースに集まっている。処分品となっているものもあり、見逃さずにチェックを

を強く感じたら、ショーケースから出してもらって検索しましょう。

いずれにせよ、サービスカウンターの中をチェックすることを忘れないでください。高価な商品が多いので、お得なアイテムが隠れている確率が高いです。

違和感アイテムが見つからない場合

また、外周チェックでワゴンや「処分品」などの違和感が見当らなかった店舗でも、完全なスルーはしないでください。

実は、**値下げ品や処分コーナーを目立たなくしているだけの可能性がある**からです。

とくに女性客の多い店舗は、オシャレでスマートに商売をしたいと外観を気にします。ですので、派手に「値下げ」「処分」と貼り出したりはしていません。ハッピを着た店員さんがメガホンを持ってＰＲもしていません。

しかし、店内に入って、よく値札を眺めれば「80％ＯＦＦ」や「90％ＯＦＦ」のシールがそこら中に貼ってある店舗もあるのです。

先日、同行コンサルで埼玉県のショッピングモール内の雑貨屋さんに入りました。通常なら、値下げ品は3割引きや5割引きのシールが貼ってあるので目に付きます。ところが、その雑貨屋さんは外から見ただけでは、値下げ品があるようには見えませんでした。目立つＰＯＰもありません。それでも、店内に入ってよく見てみると、商品の棚に貼られた値札には、小さな表示で「70％ＯＦＦ」などの値下げシールがいたるところに貼ってあったのです。わかりづらかったのですが、違和感はしっかりと漂わせていたのです。

　こういう情報は、大きいネタばかりを探していると気づけません。

　同行したコンサル生は10分後には「こんなに値下げ品ばかり。なんて素敵な店舗なんでしょう」と驚嘆していました。違和感の引き出しが増えて、店舗を見る景色が変わった瞬間です。

● ひっそりと大幅値下げしている商品

◀ワゴンセールを実施していなくても、よく見ると通常の棚にとんでもなくお得な商品がひっそりと売られていることもある

こうして私は、コンサル生にも違和感せどりという1個のメソッドに落とし込むようにコンサルティングをしています。

1日に何店舗も回りますが、**結局は同じ見方なんだ**ということを伝えるためです。

そして、相手も「みんな同じ見方で仕入れられるんですね」と理解してくれます。

あなたにも、もう違和感せどりの真髄はお伝えしてあります。

第8章

その他のヒントと仕入れ判断

section 40

チェーン店とフランチャイズ店

せどり向けなのは少し管理が緩いフランチャイズ店

今まで違和感せどりのさまざまなノウハウを解説してきましたが、この章では、紹介し切れなかったさまざまなヒントを解説していきます。

まず仕入れ先についてです。仕入れ先には、家電量販店やディスカウントストア、総合スーパーなどチェーン店を利用することが多いと思います。

同じマニュアルで経営・運営されていても各チェーン店によって管理状況が違うのを感じたことはありませんか。その理由は、（直営）チェーン店とフランチャイズ店があるからです。同じ看板でも直営のチェーン店はしっかりしています。管理も几帳面にされている印象です。

しかし、各オーナーが経営するフランチャイズ店となると、少し管理が緩い店舗も多いです。いたるところに処分品があったり、値付けが徹底されていなかったりするのを目にします。

せどり向きなのはフランチャイズ店です。

だからこそ、**あるチェーン店の系列を4店舗回って、利益が取れないから、この系列のチェーン店はダメだとあきらめるのは早い**です。さらに粘って、何店舗も回ってみると、フランチャイズ店に行き当たることがあるでしょう。その店舗なら、値引き率が高く、利益を取れる可能性があるのです。

ツタヤを例にしましょう。せどりで開業した当初の私が寄っていたツタヤは、明らかにフランチャイズ店でした。普通のツタヤはあまり値下げをしないのですが、その店舗は、売れ残りを嫌がっているようで、頻繁に値下げをしていました。たとえば、ゲームソフトを80％ＯＦＦにして販売していました。また、独自の「在庫一掃セール」まで開催していたのです。

● 直営チェーン店とフランチャイズ店

▲同じ看板でもチェーン店はしっかりとした管理がされているが、フランチャイズ店では管理がやや緩い印象。せどり向けなのはフランチャイズ店だ

まさにせどりに最適な店舗です。独立直後だったので、私はこのツタヤに何回も救われました。困ったらあの店舗に行けば、何か値下げされていて仕入れられる！　と思っていました。

では、どうすればその店舗がフランチャイズ店だと判断できるのでしょうか。

まず値付けが甘い感じがします。目が肥えてくれば、値引きの仕方で、ここはフランチャイズ店だと思えてくるはずです。これは私の経験則ですが、ツタヤであれば商品ごとに適正に価格設定をする店舗よりも、「70％ＯＦＦ」のようにザックリと下げる店舗のほうが利益を取りやすいです。商品管理もだらしないイメージがあります。おそらく、フランチャイズ店に多い特徴でしょう。

チェーン店だからすべて「値付けが渋い」という固定観念は捨てるべきです。

section 41

都会のお店と地方のお店

せどり的には都会と地方で格差ゼロ

最初に断言しておきます。今や、せどりにおいて、都会と地方の仕入れにおける格差はありません。

私は同行コンサルで日本全国で仕入れを行ってきました。たしかに地方にしかないホームセンターや量販店はあります。しかし、品揃えが劇的に違うわけではありません。**今や日本全国のどの店舗でも、仕入れる商品に目立った格差はない**のです。

どこでもせどりの対象になるということです。もしローカルなテイストがあるとすれば、季節です。

リアルな店舗には、その土地の特色が出ます。極端なことを言えば、沖縄と北海道では、冬や夏に対する時期の感覚が違います。

せどりではリアルとネットの格差を基準に行動するので、季節の切り替えに敏感な店舗はあり

がたい存在です。

たとえば、早めに夏のシーズンを終わりにしてくれる地域では、それだけ早く、値下げされた夏の商品を仕入れられるわけです。冬は冬で、ホットカーペットなど暖房器具を早めに値下げしてくれれば、早く仕入れて、全国のほしい人に売ることができます。

産業系の商品に関しても、地域の特色が出やすいです。たとえば農耕具。私はときどき、見たことがないような商品を目にします。イノシシなどの害獣のための防獣用品もそうです。少なくとも、電気柵などは東京都内の量販店では見たことがありません。

もちろん「ご当地アイテム」「地域限定」の商品を見つけたら、それはそれで検索したほうがよいでしょう。これは地域との格差という意味ではなくて、そのエリアでしか入手できない希少性で、利益が出やすいからです。

仕入れ旅行も必要なし

とにかく、**どこかに売れる商品が集中している地域があるという考え方はしないほうがよい**です。逆にここはライバルのせどり同業者が多いエリアだから、ほかの土地に遠征して仕入れなければダメだ、という考えも捨ててください。

かくいう私も、実は、独立当初は「仕入れ旅行」に意気込んでいた時期があります。

当時の愛車トヨタ・ヴォクシーを商品で満杯にするまで帰宅しないというルールを決めて、群馬まで遠征しました。高崎市でほかの店舗が閉店したあとも、深夜までドン・キホーテのような24時間営業のお店を回って仕入れまくりました。一泊して仮眠して、帰り道もせどりをしながらです。今思えば完全な自己満足だったと思います。

とはいえ、今ではよい思い出で、高崎に行く度に、あのときの景色を思い出します。

日本全国の、各地域の店舗で、商品は常に生まれ続けていると考えてください。それどころか、同じ店舗でも、明日になれば新しい商品が処分品になって、利益の出るアイテムが生まれているかもしれません。

違和感せどりなら、都会も地方もありません。どこからでも仕入れられます。

● 独立直後に腕試しで高崎に遠征

▲ルールは「ワンボックスカーを一杯にするまで帰らない」。一泊して仕入れた商品で車を満タンにして帰宅した

section 42

仕入れ先ルートの作り方

「ロケスマ」と「Googleマップ」で作成する

効率よくせどりをするために、仕入れ先ルートは事前に必ず作成してください。

1日のうち、どの店舗から始めて、2番目はどの店舗に行って、とその日に回る店舗をピックアップして回る順番を決めてから、仕入れをスタートします。これによって、店舗間の移動を最短距離で行うことができます。また、仕入れ中に次にどの店舗に行くのかその都度考えるのは、意外にエネルギーを消耗するものです。**仕入れ先ルートがあらかじめ用意されていることで、せどりに集中することができます。**

仕入れ先ルートを作らずに、行き当たりばったりで仕入れに行くことの最大のデメリットは、好みや固定概念で行動を縛ってしまうこと。たとえば、ホームセンターは好きでも、家電量販店は苦手など、仕入れ先が偏ってしまいがちです。

その意味でも、違和感せどりは有効に働きます。どこに行っても同じ見方で仕入れができるのであれば、すべてのジャンルの店舗が仕入れ対象になるからです。仕入れ先には困りませんし、仕入れる商品のジャンルも多様化して広がるでしょう。**仕入れ先ルート作りは自分のせどりの幅を広げる効果もあるのです。**

では、どうやって仕入れ先ルートを作ればよいのでしょうか。難しく考える必要はありません。私の場合は、実にシンプルです。これまでに、北海道から九州、沖縄まで30以上の都道府県でせどりをしてきましたが、どの地域の店舗を回るのにも、たった2つのアプリしか使いません。

「ロケスマ」と「Ｇｏｏｇｌｅマップ」です。どちらも無料で利用できます。具体的に解説しましょう。

このやり方は、副業でやっていたときから一貫しています。「ロケスマ」と「Ｇｏｏｇｌｅマップ」のそれぞれのよいところを使って、仕入れ先マップを作る方法です。出来上がるとＧｏｏｇｌｅマップ上に、仕入れ先店舗がお気に入り登録されるので一目瞭然。効率よくその日にせどりで回る、仕入れ先ルートを作成することができます。

チェーン店検索アプリのロケスマのよいところは、検索したいエリアにある同じチェーン店がすべて表示されるところです。たとえば「イオン」と入れれば、検索範囲内にイオンの店舗がア

●「ロケスマ」の店舗情報をGoogleマップに移す

▲はじめにスマホの「ロケスマ」アプリを開き❶、画面下部の<ショッピング>をタップ。ショッピングのカテゴリーの店舗ジャンルが表示されるので❷、ここでは例として<ディスカウント>をタップする。マップ上にディスカウントショップがピンで表示されるので❸、同じ店舗をパソコンのGoogleマップでも開き❹、店名をクリック。詳細情報が表示されるので、<保存>→<お気に入り>の順にクリックして保存しよう

イコンで表示されます。ちなみにＧｏｏｇｌｅマップでも同様の検索ができるのですが、漏れが出る場合が多いです。しかし、ロケスマはチェーン店検索を売りにしているのでその精度が高く、漏れがほとんどありません。

ロケスマのデメリットは、各ジャンルごとにしか表示できないという点です。違うジャンルの店舗を同時に表示することができません。たとえば、ディスカウントショップと、先程のイオンのようなショッピングモールは、ジャンルが違うのでその都度表示を切り替えることになります。そこで、その弱点を補うためにＧｏｏｇｌｅマップの登録機能を使います。

先述したように、Ｇｏｏｇｌｅマップでもチェーン店の検索はできます。しかし、ロケスマに比べれば精度が劣ります。ですので、ロケスマを基準に、Ｇｏｏｇｌｅマップの画面に、すべての店舗を手作業で登録して、保存してください。

私の場合、**Ｇｏｏｇｌｅマップをパソコンで開き、ロケスマをスマホで見て、ジャンル別に1店舗ずつ情報を登録していきます**。一見、アナログ作業なので面倒ですが、思っているより時間はかかりません。また、一度登録した店舗は保存されるので、最初だけ頑張ればそのエリアは楽になります。よく行く勤務先や自宅周辺のエリアならすぐに完成されていくでしょう。

シンプルですが、私が日本全国の知らない土地に出張して仕入れができるのも、この作業があってこそ。それくらい強力なものです。この登録作業一つで、せどりで稼げるかどうかが決まるのですから真剣に行ってください。

すべてのジャンルで仕入れに行く店舗の、ロケスマからＧｏｏｇｌｅマップへの登録が済んだら、あとは**1日に回る店舗を箇条書きでピックアップして一覧リストにしてください**。一筆書きのように最短距離で移動するイメージでピックアップすると効率よく回れます。あとは、実際に仕入れをしたらリストから消していけばよいのです。

一覧リストは情報が見やすく、シンプルなら自分なりのやり方でかまいません。私の場合は店舗名と電話番号のみを書いていて、カーナビに入力しやすくしています。紙のメモでもスマホのメモアプリでもまったく問題ありません。

なお、**1日で回るのは、多くても15店舗ぐらいが上限**でしょう。店舗数は個人差がありますが、回り切れないくらい用意するのがコツです。リストが切れてしまうと、どこに行くか考えなくてはいけませんから。その日の仕入れの最後にそのエネルギーを使うのは疲れますので、あらかじめ多くしたがよいです。

一覧リストにした仕入れ先ルートがあれば淡々と店舗を回るだけで済みます。せどりで行動しやすくするための大切なテクニックです。

section 43

ライバルのやらないことをやる

違和感せどりを実践するだけでライバルと差が付く

ＡｍａｚｏｎにおけるＦＢＡ出品者がせどりのライバルになります。

あなたもせどりを始めたら同じ立場になると思いますが、**違和感せどりでビジネスをすれば、自然にライバルのやらないことをやっている形になります。**

私のせどりの場合、雑食系なので、扱う商品の幅の広さが、すでにライバルたちとは一線を画していると言えるからです。

どんな店舗でも、どんなコーナーでも、何か利益の出る商品があると思って入ってみるのが信条です。違和感で探してみる。見つけたら検索してみる。儲かる商品であれば仕入れる。このくり返し自体が、すでにライバルがやらないことでしょう。

自分の強みでもあり、私にとっての正解はそこだと思っています。

もし、ほかのライバルと同じ店舗に行っても、動き方、仕入れ方が違います。私は隅から隅ま

で見て回ります。おそらく、ライバルはその2分の1か、3分の1の範囲しか見ないと思います。私は手芸コーナーや、寝具売り場まで回って商品を探します。しかも、違和感を使ってピンポイントで見ていくのでスピードも早いはずです。

商品を見つけたあと、仕入れたあと

商品を見つけたあとの動きもライバルとはひと味違います。私は、**セール品で利益が出る商品を見つけたら、店員さんに質問したり、系列店に問い合わせをしたりする**ことがあります。つまり、このセールが全国展開なのかどうかを確認するのです。「この商品をもっとほしいのですが、全国の店舗で同じセールをしていますか」と直接、店員さんに尋ねます。仮に全国の系列店で同様に開催しているなら、仕入れる数を抑えます。それこそライバルも同時期に仕入れて、市場がダブついて価格競争になるのは必至だからです。

しかし、その店舗限定のセールなら、その場にあるだけ仕入れてしまいます。あるいは、店頭に出ていない在庫があればそれも店員さんに聞いて、その分も仕入れます。

地域限定のセールの場合も同じです。店員さんが同じエリアの数店舗で同じセールを開催中と教えてくれます。サービス精神のある店員さんなら「ウチ以外にA店と、B店で開催しています」と具体的に示してくれます。それらの全店を回って、すべてのセール品を仕入れることも考えます。問い合わせしただけで利益が2倍、3倍になるというわけです。

仕入れたあとの売り方に関しても、ひと工夫を加えています。

セット売りはライバルのやらない方法の1つかもしれません。たとえば、蒙古タンメン中本のカップラーメンは単品ではなく複数のセット売りにすることで、利益を大きくしてにして3千円で出品したりします。

反対に、店頭で福袋のようにセット販売をされているものを仕入れることもあります。たとえば、包丁に皮むき器、キッチンはさみなどが付いたセットを買って、バラ売りにすれば利益が出ると考えるのです。包丁だけなら利益がトントンでも、オマケが単品の商品としてプラスになったりします。

ライバルの動向を気にして、自分のスタイルを構築したのではありませんが、違和感せどりを追求した結果、オリジナルのせどりスタイルになったと思っています。

section
44

仕入れの際、粗利はいくらあればよいか

資金を回収でき、トータルで儲かる仕入れ基準を確立しよう

「仕入れる商品の粗利の目安は５００円以上でしょうか?」
「やはり最低でも粗利は千円は必要でしょうか?」

せどりのプロを目指す人から常に浴びせられる質問です。しかし、**粗利の金額は大切ですが、必要以上に考えないでほしいです。**粗利は状況によって変わるからです。ここで言う粗利とは、売上額から仕入金額とＡｍａｚｏｎの手数料を引いたものを指します。手元に残る儲けの金額と考えてください。

仕入れ基準は商品の回転率や、ライバルの数によって違ってきます。粗利だけで考えるべきではなく、一概には言えません。粗利が３００円の商品でも１００円の仕入れ値であれば、ありでしょう。しかし、さすがに5千円出して３００円しか儲からないのは、コストパフォーマンスが

悪いと言うことができます。

そもそも、せどりの基本は資金を回すビジネスなのです。**自分の手元の資金が回るのであればOKという考えが正解**でしょう。

個人差はありますが、**「2ヶ月間で売れる数を仕入れましょう」を1つの目安にしています。**私の周りでは、クレジットカード払いで仕入れを始める人が多くいます。その場合、支払い回数を1回払いか2回払いに設定することで金利がかかりません。つまり、今仕入れた商品が最長2ヶ月間で売り切れる計算が立つなら、クレジットカードの金利もかかりませんし、支払いに間に合うというわけです。

仕入れは「粗利ファースト」で考える必要はありません。ビジネスとして資金を回転させて、結果的に手元に儲けが残るやり方ならよいのです。

それに、長く続けていけば、**人によってそれぞれ一番やりやすい形に、せどりが洗練されていく**ものです。タイプ別に分かれていきます。好みと言ってもよいでしょう。

とにかく高回転で売れ続けなければ嫌だというタイプ。反対に、時間がかかってもかまわないので千円以上の利益がほしいという人もいます。そこはプロとして活動するうちに好みが見えてくるものです。

個人によって環境も事情も違うので、初期のやり方から変化していくのは当然です。

最初は２００円、３００円の利益をかき集めていく、でも慣れてくれば、手間を考えるなら、何十個も出品して積み重ねていくよりも、効率よく稼げる方法でいきたくなる、そのときに自分は粗利が５００円以上しかやらない、と決めるほうが自然です。

だからこそ、**最初に粗利を●円以上と決めるのはナンセンス**です。まずは、どんな形でもトータルで儲けを残すことが大事です。

むしろ商品をどう回転させて、粗利を確保するのか、という自分の仕入れ判断、基準を作ることが先です。自分なりの軸がなければ仕入れがブレます。

最初から数字を基準に仕入れていると、その枠からハミ出る商品が目に入らなくなってきます。取りこぼしが出てしまうのです。

これから始める人は、粗利の金額も大切ですが、商品を販売して資金を回収する中で、トータルで儲けが残る「仕入れ基準」を作ることを意識してください。

section 45

商品の回転率はどう考えるか

状況は千差万別、自分の状況に合った回転計画を

前のページでは、２ヶ月を基準に資金を回す話をしました。

ただそれはクレジットカードで資金を回すケースなので、そうでない人はとらわれる必要はありません。仕入れてから半年後に売れても、１万円儲かる商品ならＧｏだという場面もあるでしょう。要は、**その人の資金が回ればよい**のです。

だからこそ、**回転率を１ヶ月で売る「商品数」で決めないでください。**

これもよく耳にする質問です。

「１ヶ月で最低何個売れればよいのでしょうか？」

一概には言えません。同じ商品であっても、販売価格が変わります。たとえば、50個売れた月

より、30個売れた月のほうが利益の残る場合は珍しくありません。いくらで売るのか、ライバルが何人なのか、しっかり見ることが大事なのであって、「売れた数」だけにこだわる意味はないのです。何個以上は売ると最初に決めることがナンセンスです。**大事なのは、トータルで資金が回る考え方をすること**です。

価格次第で、売れ方は変わってきます。

今の値段で出品するなら3ヶ月に1個しか売れない商品があるとします。しかし、値段を下げれば月に1個は売れるデータがあります。あるいは、もっと下げるなら数日に1個ずつ売れるのなら……、と幅広く考えるのです。

ただし、商品の回転率は当初の予想通りになるとは限りません。

私自身、計算違いをしてしまい、ライバルが増加して、当初の予定より売れなくなった苦い経験があります。

当時は快進撃で、怖いものなしでした。九州のディスカウントショップで、ヴィダルサスーンのヘアドライヤーが安売りされていました。検索したら2千円の利益が出るとわかりました。しかもライバルは2~3人しかいません。思い切って、その場にあった50台全部買いました。

ところが、よかったのは仕入れたまでです。Ａｍａｚｏｎの倉庫に送るころには、ライバルは何倍にも増加していました……。

それだけで、すでに売れない状態なのに、今度はライバル同士で価格競争が始まってしまいました。安売り競争です。ますます利益が薄くなります。

あとでわかりましたが、そのディスカウントショップはチェーン店全店でドライヤーの安売りセールをしていたのです。もし仕入れを10台までに抑えていたら、当初の利益は取れていました。

今ならそんな失敗はしません。

暴落まで想定して仕入れます。当時は利益が出ることしか想定していないので、半額にして売り抜くことができません。痛い目に遭いました。今なら価格が暴落しても、売ることで資金を回収して、次の商品の仕入れに使います。トータルで儲かればよいという考え方ができるからです。

回転率は仕入れる数の参考にはなりますが、販売価格によって変わる不確かなものです。また、資金の量も人それぞれですから、その人によって仕入れる数は変えるべきです。**自分の状況にあった回転計画を考えましょう。**

section 46

その商品は本当に売れているのか

予測や見込み判断はせず過去のデータを確認して仕入れる

私はせどりを「後出しジャンケン」だと考えています。

相手の出した手を見たあとから、こちらが手を決めれば、ジャンケンで負けることはありません。同様に、**せどりは過去のデータを確認すれば、その通りに売れます。**私は実際にそうやって売上を伸ばしてきました。

そのためにも過去の売上データをしっかり確認してください。そうすれば、予想した通りに商品は売れていきます。そして、売れずに在庫を抱えることはありません。

慣れてくると、自分の経験や直感で「いけそうだ」と考えがちですが、そこには落とし穴があります。**予測や見込みで仕入れるのは自分の中で禁止にしましょう。**似たような商品だから売れるだろうなんて安易に考えてはいけません。たとえば、人気がある「すみっコぐらし」だからといって、全部の商品が売れるわけではないのです。

では、過去の売上データ通りに仕入れていれば本当に万全なのでしょうか。

ときどき、「データ通りなら売れるはずなのに、自分の商品だけ売れない不思議な現象が起きている」という相談を受けることがあります。

これは、せどりのビギナーに見られがちで、理由がハッキリしています。

データのバリエーションカタログの読み間違いの可能性が高いのです。

売上データの読み方① バリエーションカタログ

ここで、せどりをする半数の人が知らず知らずのうちに間違えていると言ってもよい、バリエーションカタログの読み方について解説します。

Ａｍａｚｏｎのカタログページは基本的に１つのページに１つの商品です。

しかし、色違いやサイズ違いの商品も１つのページにまとめている場合があり、これをバリエーションカタログと言います。

バリエーションカタログは、Ａｍａｚｏｎで買い物をするときにはとても便利です。多くの人は、色違いやサイズ違いを、１つのページから選んで買い物した経験があるでしょう。

しかし、我々がせどりで販売者として利用するときには注意が必要です。

商品を仕入れるときには、現在の最安値や売れ行きで判断しますが、これが**バリエーションカタログの場合は、色違いなどほかの商品とデータが合算になっている場合がある**からです。

次の例で紹介しているハサミは仕入れ価格が１５００円で、現在のＡｍａｚｏｎの最低価格は３９８０円です。図１のグラフを見ると売れ行きも悪くありません（薄い色がランキンググラフでギザギザしているほど売れています）。

このグラフはＫｅｅｐａのものですが、ほかの検索ツールを使っても同じ結果になります。以下の解説も、どの検索ツールを使用しても同じように考えてください。ランキングのグラフだけを見ると、３９８０円で売れて利益が十分に取れて、売れ行きも問題ない、仕入れ対象商品です。

実際に仕入れる前には、必ずＡｍａｚｏｎのカタログページを確認するのですが、ここで、バリエーションカタログであることがわかります（図２）。色やスタイルを選べるようになっているのがそうです。

● 図1 「エンジニア鉄腕ハサミ」の過去の売上データ

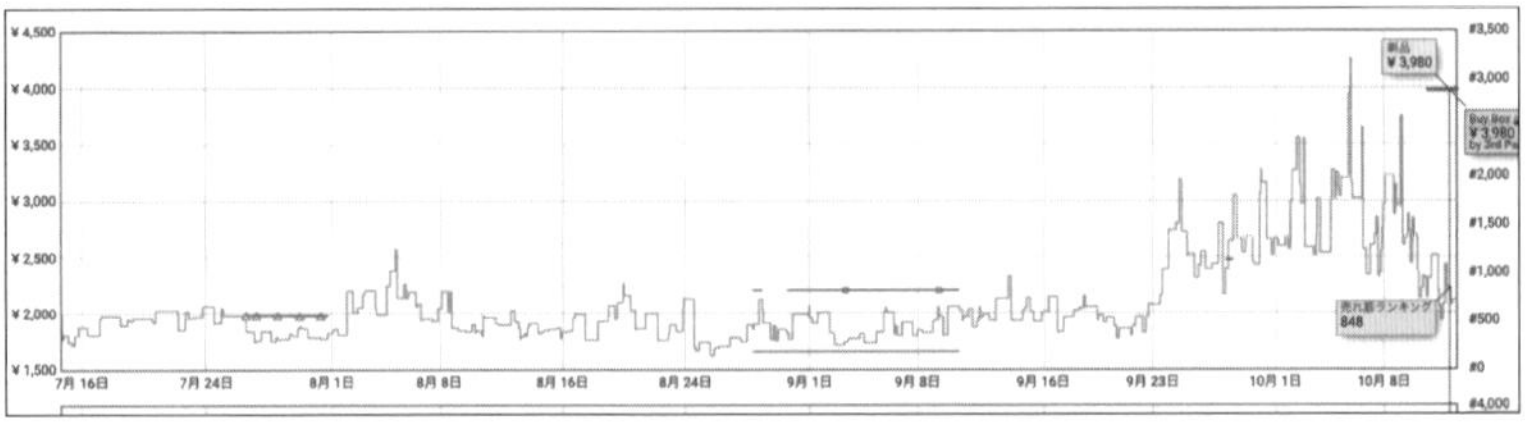

●図2 「エンジニア鉄腕ハサミ」のAmazonのカタログページ

▲仕入れ対象商品のページ。色やスタイルを選べるようなバリエーションになっている

▲バリエーションを切り替えると、別の商品は1,000円で販売されていた

ここで、色やスタイルを変更してみるとそれぞれの販売価格がわかります。同じような商品なのに千円から１５００円くらいと、仕入れ対象商品よりもずいぶん安く売られていました。３９８０円で販売されているのは数あるバリエーションの中の１つの商品だけです。

しかし、ここで終わりにしてはいけません。ほかの色のランキングデータを調べる必要があるからです。バリエーションカタログのデータには、合算データと単独データの２つパターンがあります。色違いなどのバリエーションのデータが合算になっているページと、色やスタイルの違うバリエーションのデータがそれぞれ単独になっているページです。少しややこしいですが、大切なところなのでついてきてください。

合算データと単独データでは、グラフの読み方、つまり仕入れ判断が変わります。

このあとで説明しますが、ハサミの場合は合算データです。色違いやスタイル違いのデータを１つに集めたものです。それなら、ランキングデータの波形がギザギザしていても、千円くらいの安いものが売

● 図3　1,000円の黄色のハサミの過去の売上データ

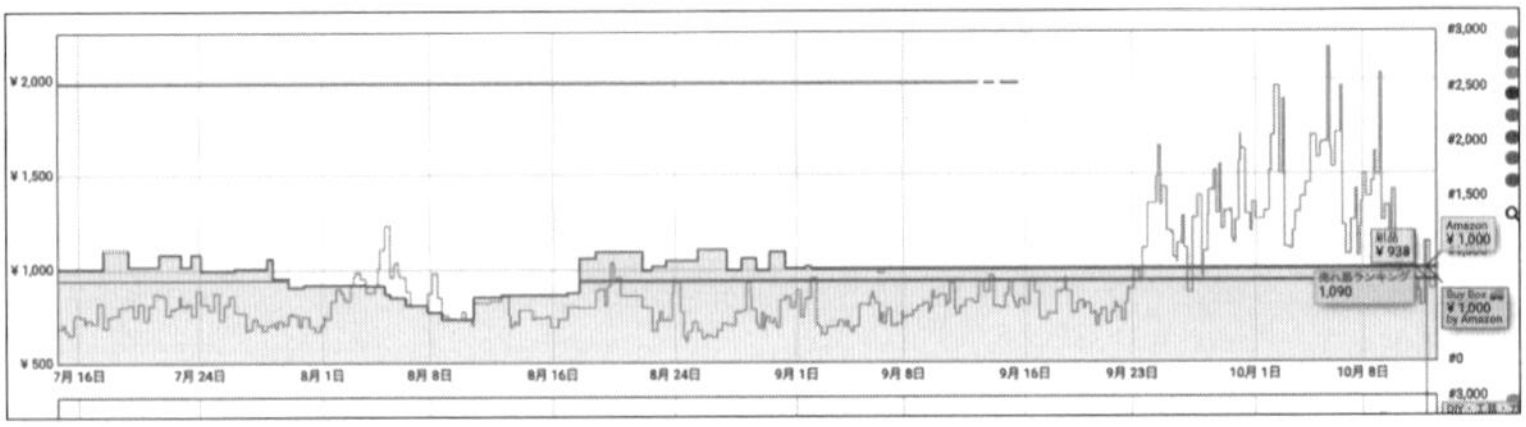

れたのであって、３９８０円の商品は売れていないと考えるべきです。

図３の千円の黄色のハサミのグラフと、図１の仕入れ対象商品の３９８０円のグラフを重ねるようにしてみてください。ランキングの波形が同じであることがわかります。

この場合は、データは合算になっていると判断してください。

仕入れ判断をするならば、３９８０円のハサミも千円から１５００円まで下げれば同じように売れると考えます。しかし１５００円の仕入れ代金では赤字になってしまいますのでスルーです。５００円以下の処分価格なら仕入れてもよいですね。バリエーションカタログでも、色違いでランキングの波形が異なっていて、データが単独のものなら通常通りに判断しても問題ありません。

● 図４ 「シャープカラー電子辞書Brain（ホワイト）」のAmazonのカタログページ

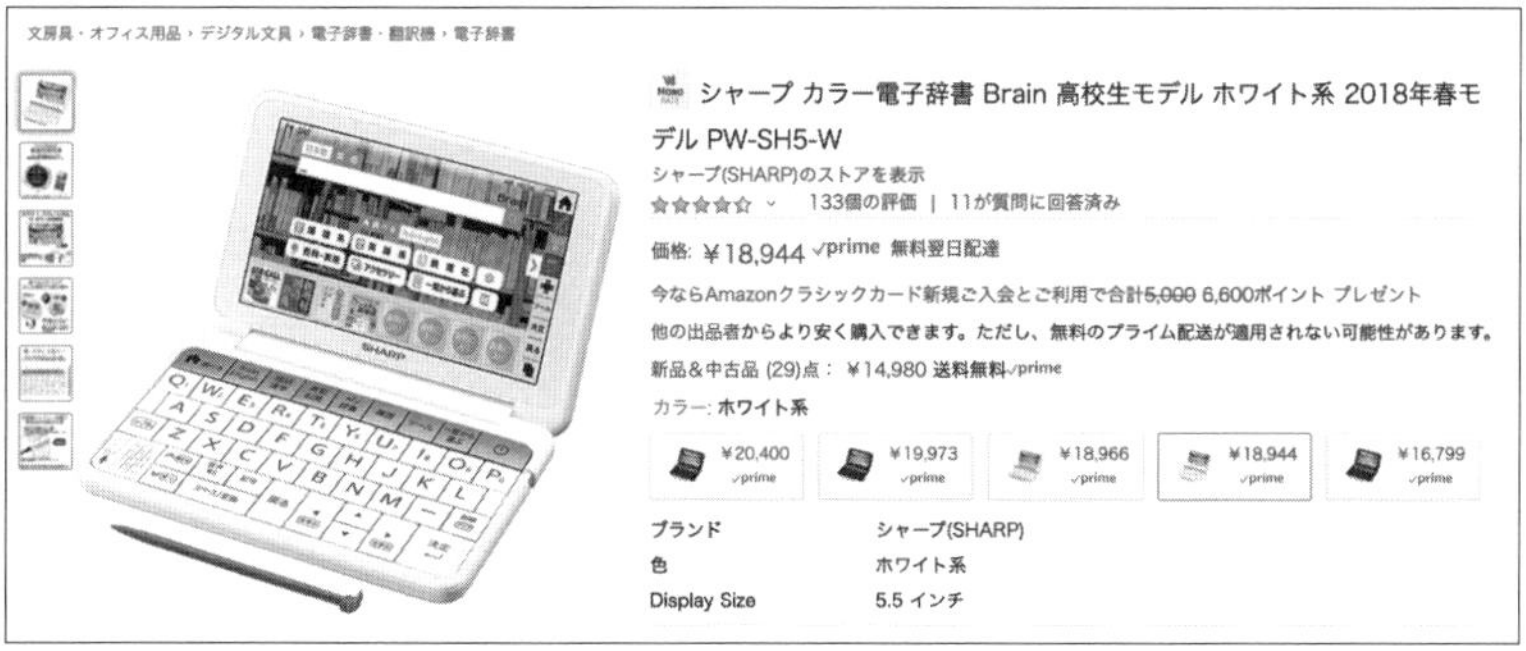

▲仕入れ対象商品のページ。色の違いによるバリエーションがある

合算のデータでも、売れると判断できる場合もあります。

図４の電子辞書は仕入れ価格が１万円で、現在の最安値が約１９０００円で売れ行きもなかなかよさそうです。

常に、実際に仕入れる前にはＡｍａｚｏｎのカタログページをチェックします。色違いが５色あるバリエーションカタログでした。

バリエーションがありますが、この商品は仕入れが可能だと考えました。図５と図６のグラフを見てみましょう。波形がほぼ同じなのでデータは合算と考えます。ここまでは先程のハサミも同じです。

確かに色違いによって販売価格が１６７９９円から２０４００円と上下があ

● 図５　「シャープカラー電子辞書Brain（ホワイト）」の過去の売上データ

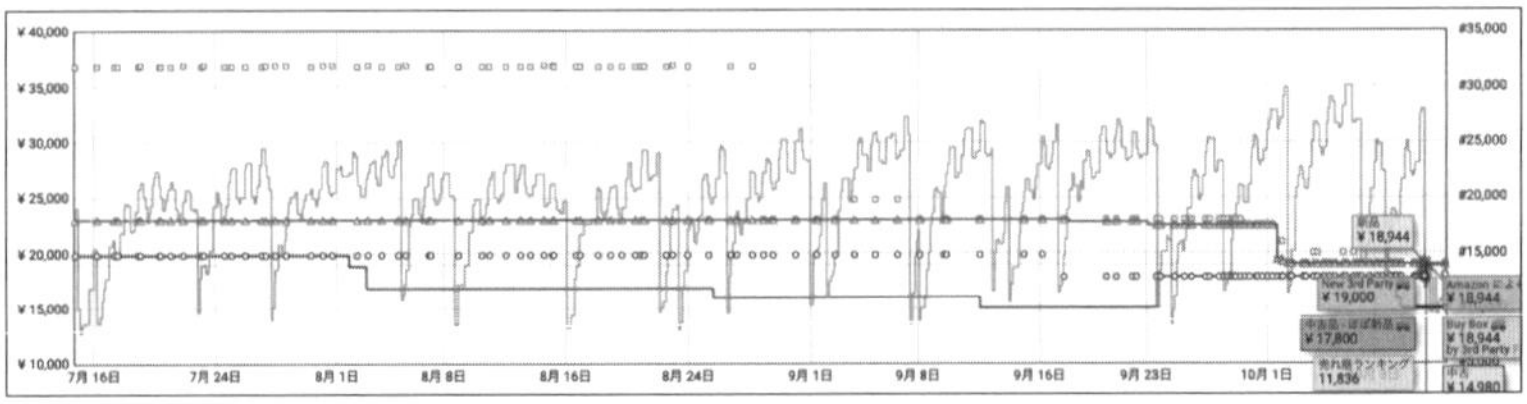

● 図６　「シャープカラー電子辞書Brain（レッド）」の過去の売上データ

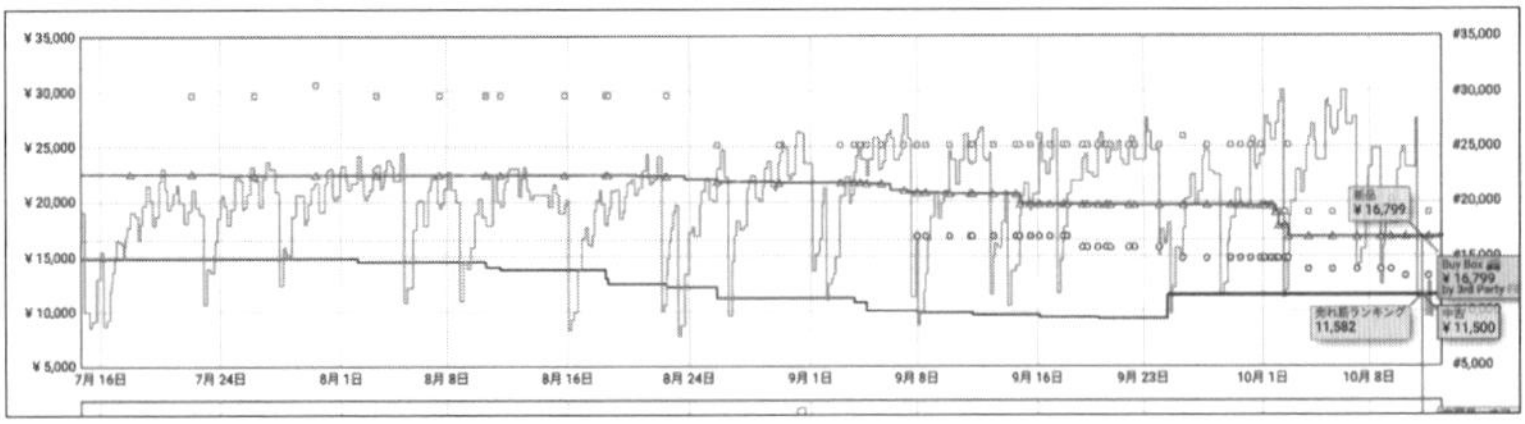

ります。先程の例で言うなら最低価格の１６７９９円を想定しますが、仕入れ金額が1万円ならば問題なく利益が出ます。

つまり、**バリエーションがあっても「売れる可能性」と「仕入価格と販売価格との差額」があれば仕入れて利益を出すことができる**ということです。

先程のハサミのように数倍の価格の違いでは、安いほうが売れていると判断しますが、電子辞書なら色違いによる価格差は気になりません。仕入れ対象のホワイトは現在の最安値が１８９４４円ですので、おそらくこの価格で売れるでしょう。これは、電子辞書なら2万円前後なら売れるという経験からくる知識でもあります。

このように**バリエーションカタログの商品は、丁寧にデータを引き出して読んだり、経験が必要になったりするので、勘違いしていたり、読み間違えていたりすることが多い**です。反対に、仕入れる理由を自分で分析から見つけることができればライバルと差を付けるチャンスです。

売上データの読み方② 季節による違い

バリエーションのほかにも、知っている人しか判断できない事例を紹介します。

今度は、季節による違いです。暖房器具を例にします。

暖房器具は季節商品ですが、一年中売れる商品もあれば次の例のように冬になると売れる商品もあります。

直近3ヶ月間のグラフデータでは売れ行きはイマイチです（図7）。ここですぐに諦めてしまってはいけません。**データの表示期間を1年間や全期間など長くして、過去の売れ行きを長期で確認してみましょう**（図8）。年末の11月から1月くらいの時期は波形がギザギザして売れていることが読み取れます。

売上データの読み方③ 価格を調整すれば売れる

最後は価格を調整すれば売れるパターンを紹介します。このシャープペンは現

● 図7 「ディンプレックス暖炉型ヒーター」の過去の売上データ

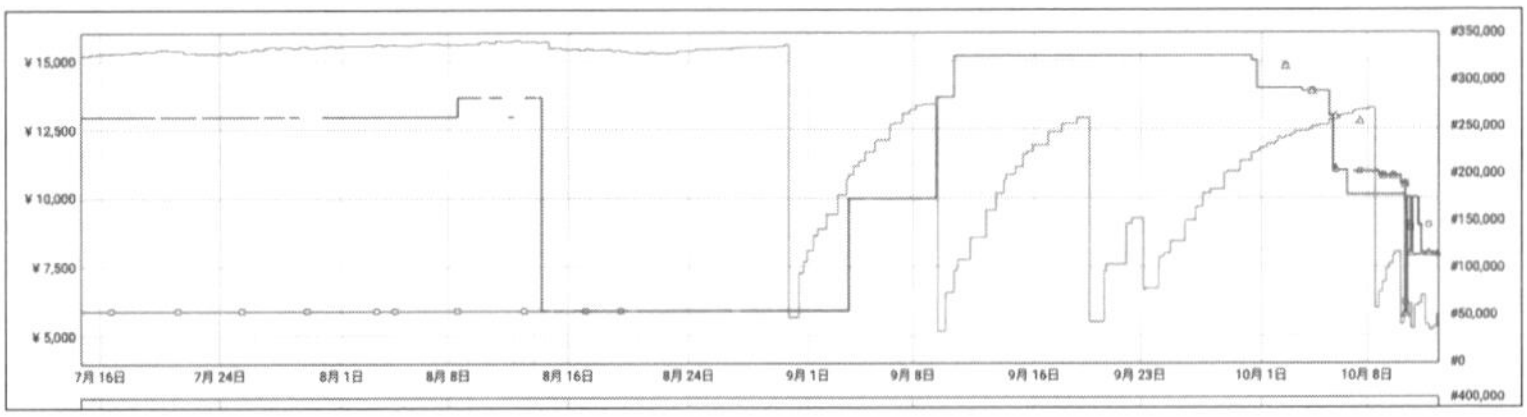

● 図8 「ディンプレックス暖炉型ヒーター」の過去長期間の売上データ

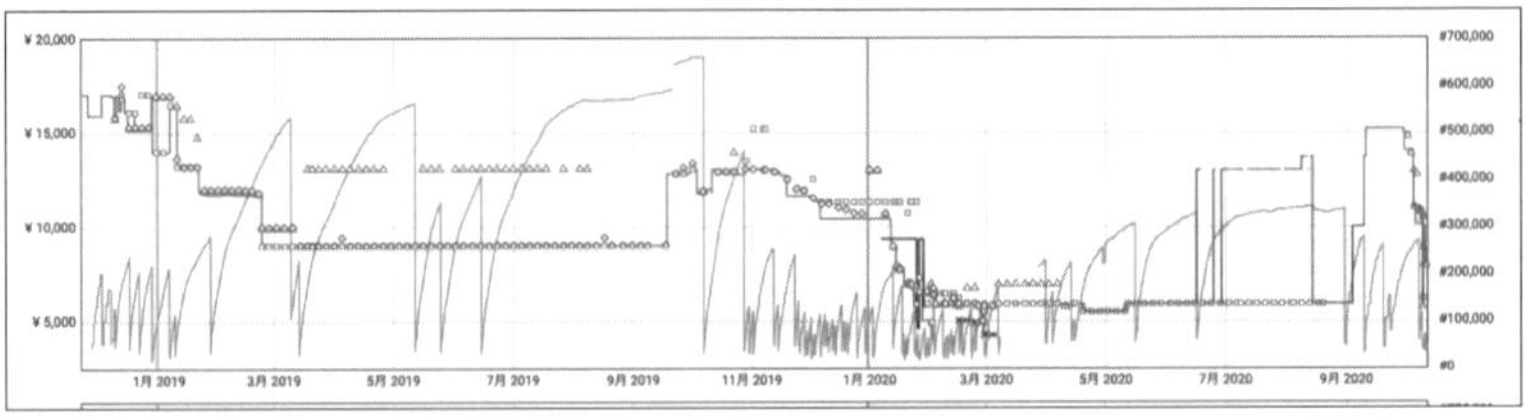

▲毎年冬になると売れていることがデータから読み取ることができる

在の最安値が9280円ですが、この価格では売れていません（図9）。

しかし直近の8月下旬に4280円で売れたデータがあります。つまり、4280円で売れたのを最後に一気に9280円まで出品者が価格を上げてしまって、現在は売れていないということ。**このままでは、同じように売れないと読みます。**

では、いくらなら売れるのでしょうか。グラフの表示期間を1年間にしてみましょう（図10）。

出品価格が3千円台だとランキングのグラフが少しギザギザしています。つまり売れたことがわかります。

まだ売れ行きがハッキリしないので、さらに表示期間を全期間にしてみます（図11）。

● 図9 「東急ハンズ限定 三菱鉛筆クルトガシャープ」の過去の売上データ

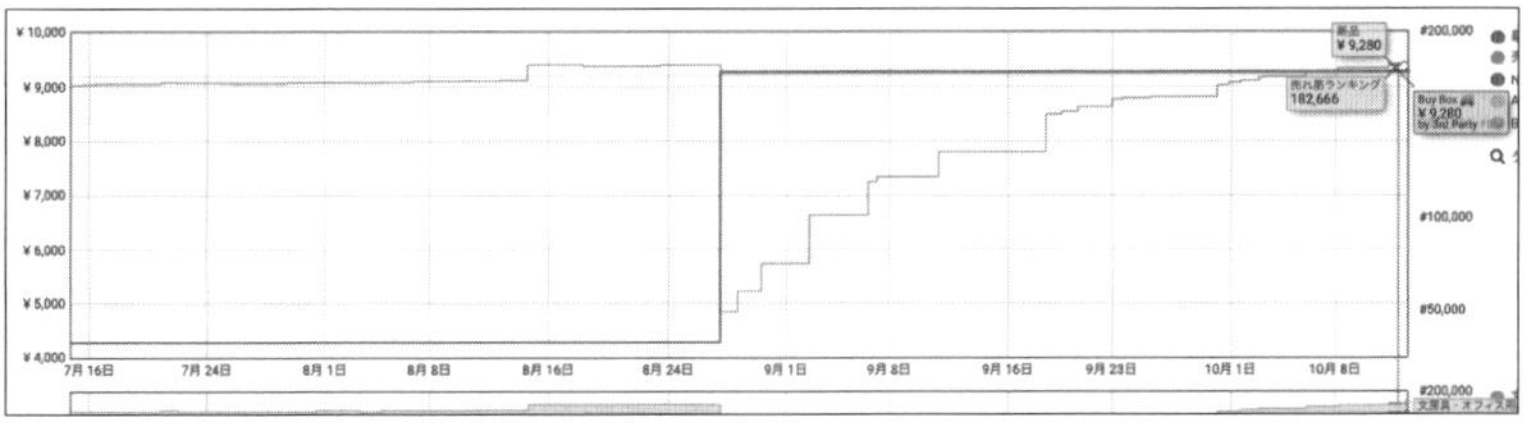

● 図10 「東急ハンズ限定 三菱鉛筆クルトガシャープ」の過去1年間の売上データ

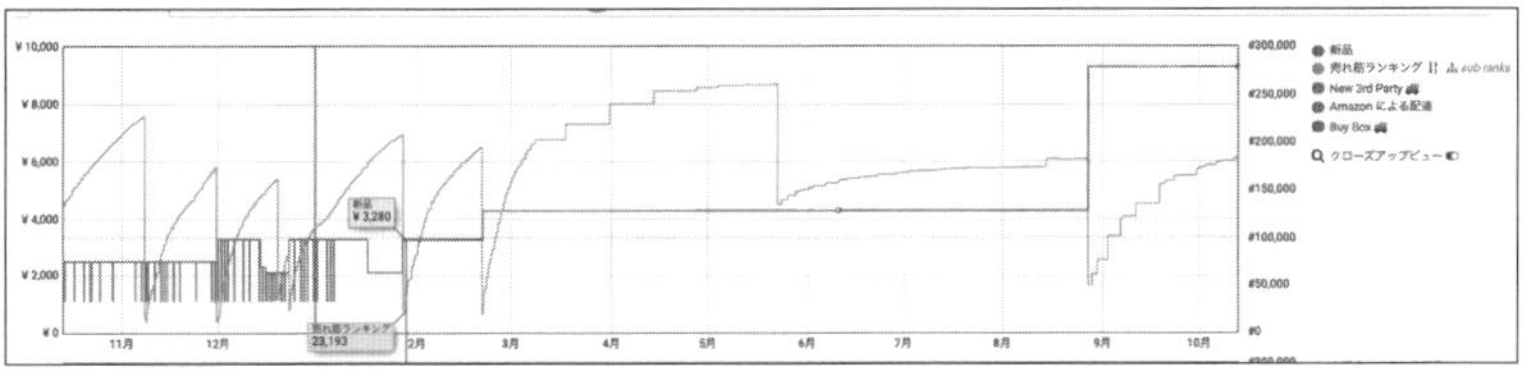

やはり3千円台かそれ以下なら、それなりに売れるということがわかりました。

そんなによく売れる商品ではありませんが、このグラフの感じなら2千円くらいで売るなら仕入れ対象と言えます。

型落ちの文房具なので500円くらいで仕入れることができればよいですね。

ここでお伝えしたいのは、9280円で売れないからスルーではなく、グラフを深く読むことで仕入れ対象が広がる、ということです。

一見すると**価値のないように見える商品でも、売れる価格帯や時期を考えることで仕入れ対象になります。**

過去の販売データから売れ行きを予測できるのは、Amazonで売る最高のメリットであり武器です。

自分なりの仕入れ判断ができるようになろう

どんな検索ツールを使ってもよいので、自分なりの考え方で仕入れ判

● 図11　「東急ハンズ限定 三菱鉛筆クルトガシャープ」の過去全期間の売上データ

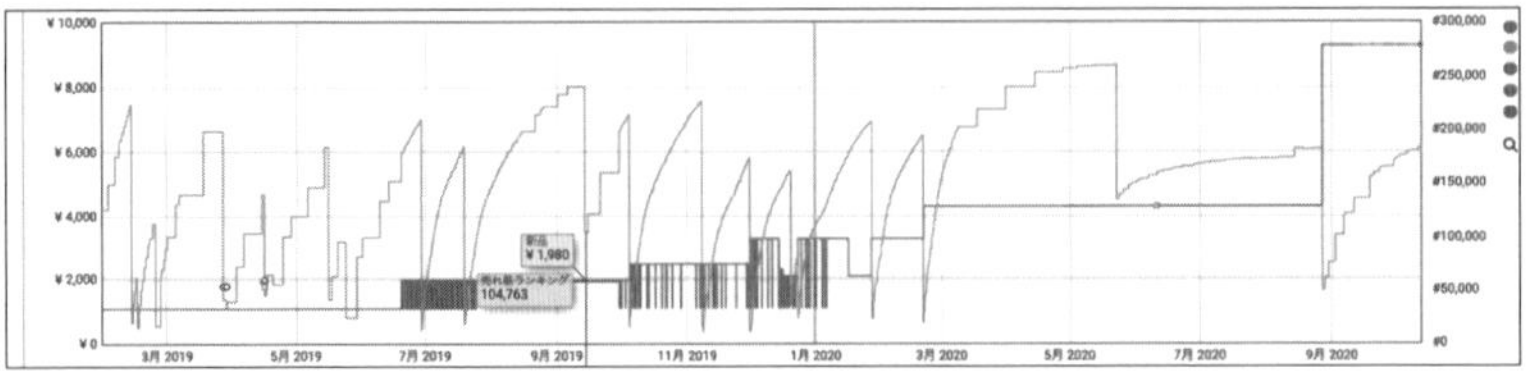

断ができるようにしましょう。それが、Ａｍａｚｏｎで長く稼いでいくための秘訣であり、私が推奨していることでもあります。

自分なりの考え方というのは、人やツールなど道具に頼らないという意味です。

もちろんデータを見るためには、せどりすとプレミアムのような「せどりアプリ」やＫｅｅｐａのような「検索ツール」が必要です。しかし、判断に使う要素はシンプルで最低限のもので十分です。

調査日、ランキング順位、販売価格、出品者数。これだけです。

バリエーションカタログや季節による売れ行きの違いなども解説しましたが、各要素が組み合わさって複雑に見えているだけで、本質は変わりません。**最低限の要素で、誰にでもできると考えてください。**

私はバリエーションカタログだと思ったら、必ず色違いごとの販売価格や売れ行きを調べます。それで、売れているように見えたのは、「安い価格帯の色の商品」だけだったとわかり、仕入れなくてよかったと胸をなで下ろすこともしょっちゅうです。反対に、実は高値で出品してもすぐに売れる商品だとを発見することもあります。

仕入れ判断はその場その場でさまざまです。回転率はイマイチだけど、ＦＢＡ出品のライバルがいないから勝負する場合もあります。ライバルが多くても、商品の回転率がよいから仕入れることもある。あるいは、値段を調整すれば売れるかもと判断することもあります。

現行商品であってもネット上では、品枯れ状態になってる可能性があり、それならプレ値を取れる、そしていくらなら売れるのか、もっと安くしてもよいのか、高くしてもよいのか……、と、せどり脳をフル回転させています。

同じように、この金額で、この数量なら売れるという「売れる理由」を探しましょう。**その商品は本当に売れるのか、確認の手間を惜しまないでください**。

やり始めのころはランキングの数字や販売価格と仕入れ価格の差額だけで仕入れ判断をしてしまいがちです。しかし、多くの情報を読み取れるようになれば、自分なりの判断の幅が広がります。そして、私の手法であれば、判断の幅は自分自信で増やしていくことができます。それには根本となる考え方が大切です。

私はせどりを伝える仕事をしていますが、いつも、その場で仕入れるかどうかは二の次で、まず考え方を伝えるようにしています。**商品はその場限りのものですが、考え方はこの先ずっと使えるもの**だからです。

この本の読者の皆さんにも私の考え方やメソッドが伝われば幸せです。

あとがき

最後まで読んでいただいて、ありがとうございます。

人生を変えたくて、私は本気でせどりに打ち込みました。私にとってせどりは1つのビジネスというだけではありません。

せどりを始めたことで手に入れた恩恵はたくさんありますが、**もっとも偉大なものは〝挑戦〟したという経験です。**

このきっかけがなければ、〝挑戦〟することを選択しないまったく違った人生を歩んでいたでしょう。そして今、私は〝挑戦〟することができる自分を手に入れました。

こんなふうに言うと、現在の恵まれた環境があるからだと思うかもしれませんが違います。

人生に答えがないように、ビジネスにもせどりにも、こうすれば一生安泰というような成功法則はありません。

せどりを始めるにしたって、勇気を出して〝挑戦〟するところからです。

そのあとも、初めてすることばかりなのですから、大小の〝挑戦〟の連続になります。

私はせどりでは決して優等生ではありませんでした。

唯一の武器は人生を変えたいというやる気と行動力だけ。

やる気と行動力だけで結果を出せたのは、選んだビジネスがせどりだったからです。ほかのビジネスだったら、上手くいかずにあきらめていたでしょう。

今になってみると、こうした行動のすべてが大小の〝挑戦〟であって、今につながっています。

本書を手にしてくれたあなたのために、あまり言いたくない過去を告白するので参考にしてください。

せどりを始めた翌年には、脱サラして独立しました。

脱サラの本当の理由は、家のローンを組んでしまったので、会社のお給料では足りず、せどりに打ち込む必要があったからです。ほしかったマイホームというよりも、妻との約束があったので購入しました。このあたりの詳しいお話はキリがないので、いつか懇親会でお会いしたらにしましょう。

いくら家族のためであっても、独立に関しての反応は「とうとう会社を辞めてしまうんだ」という感じでした。心からの大歓迎ではありません。

やはり、一家の大黒柱はサラリーマンとして働いているほうが安心です。戸惑いが伝わってきました。しかし、重圧を感じながらも覚悟を決めて、せどりで生きていくしかありません。

副業の立場なら商品のリサーチは宝探し気分でした。でも、専業になったからには、この収入だけで食べていかなければならない。この収入で家庭を維持しなければならない。本心を言えば不安です。

でも、その不安を家の中に持ち込めば、家族を余計に不安にさせてしまいます。だから、いつも順調に上手くいっているように振る舞っていました。笑顔で、ポジティブな姿を見せるようにしていました。

毎日、手ぶらで帰宅しないようにもしました。せどりという仕事は、何か収穫物を得て、それがお金になることは妻もわかっていたので、ゼロの状態で「ただいま」なんて帰れません。漁師が何にも釣れずに陸へ戻るのと一緒です。

なので、大した利益にならなくても、何かしら商品を手にして帰るようにしていました。

妻の立場からすれば、会社を辞めて、自分でお金を稼ぐこと自体に「大丈夫かな」という疑問は常につきまとっています。

活き活きと頑張っている姿を毎日見せ続けるように心がけました。

私がせどりを教える仕事に自信を持っているのは、人よりも上手くいかなかったからです。

家族を食べさせていかなければいけないプレッシャー、せどりが下手で利益の出る商品が見つけられない自分自身への情けなさ。

歯を食いしばって、自分1人の力で利益が出る商品を見つけることができるように、その方法を探しました。
上手くいかなかったからこそ、私には人よりもたくさん引き出しがあります。
情報収集が下手だったので、どんなお店でも、知らない地域でも、せどりができるスタイルを追求しました。モチベーションを維持して長く続けていくための工夫だって、誰よりもしています。

本書に書いてある内容や、コミュニティーで私が教えていることは、こうして切羽詰まって追い込まれながら見つけて編み出してきたものです。

違和感せどりができるようになると、当たり前のように簡単に感じるかもしれません。もしそう感じてもらえたなら、本望です。人よりも上手くいかなかった私は、自分自身のために、簡単で楽しいせどりを考え抜きましたから。

これも初めて告白するのですが、コミュニティーを運営してせどりを教えるために、プレイヤーから教える側に完全にシフトしました。自分の生活のためのせどりをストップして、そのエネルギーを教えることに向けたということです。

プレイヤーとしてせどりができるのと、伝えるのでは、考え方も方法も新しく見直す必要がありました。伝えるための勉強もしています。

私が4年間以上、教える仕事を続けているのは、その根底にあきらめなかった挑戦やプロ意識があるからです。どうしても、せどりで人生を変えたかった。だから、自分と同じような境遇の人がいたら、悩みも喜びも気持ちがわかりますし、成功してほしいと思っている。

あなたがもし、せどりを教えていくのであれば、こうした転換があったことを知っておいてください。

私くらい本気で、せどりと向き合ってきた人はなかなかいないと思います。それも店舗せどりにこだわってきました。

せどりを始めてから起こったすべての出来事、出会いが自慢です。せどりが好きですし、本気でそう思っているからこうして伝えることができます。

せどりで大切な意識は、あらゆる商品に利益が出る可能性があると考えることです。

初めて行く地域でも、どんな店舗でも、どんなコーナーでも。仕入れはできる、利益が出る商品はあるという意識を持ってください。常に違和感センサーを働かせてください。違和感が見つからないなら、全頭検索です。

いつでもどこでも何かあるはず、という精神を大事にしてください。そして、利益が出る商品を見つけた自分を好きになってください。行動して挑戦している自分をほめてあげてください。

せどりをきっかけにして、あなたらしい人生を生きてください。副業でいくら稼ぎたいですか。私のように独立してもいいです。物販業として起業、従業員を雇って拡大していくのもいいでしょう。

ほかのビジネスに進出してもいい。投資のための資金を貯めている人もいます。

せどりには無限の可能性があります。今や誰もがチャンスを自分の意志1つでつかめるところにいます。

あとは〝挑戦〟するだけです。

私は、あなたに成功してほしい。

どんなに小さい〝挑戦〟であっても、それは次への〝挑戦〟の力になります。

〝挑戦〟することで自信になりますし、周りの人のモチベーションにもつながるでしょう。

思いや目的は異なっていても、私達は〝挑戦者〟ということではつながっています。

本書を通じて一緒にせどりやビジネスを楽しめる仲間と出会うことができたら、最高に嬉しいです。

感想や報告を送ってくださいね。私も、せどりも〝挑戦〟も続けていきます。

あなたの楽しい〝挑戦〟を教えてください。

令和2年11月吉日　フジップリン

●著者プロフィール

フジップリン

せどりコンサルタント。40代工場勤務会社員から副業で始めたAmazonせどりで本業を超える収入を得て独立。その後、商品知識や店舗のリサーチを必要とせず、利益が出る新品商品を「違和感」で見つける独自の方法論を確立し、ITF日本国際店舗せどり連盟を設立。本業の給料を超える実績者、脱サラ独立、パート・アルバイトの数倍稼ぐ主婦など多数のクライアントを成功に導く。4人に1人が月商100万円を達成し、月商1,000万円以上の実績者も輩出。日本全国各地に出張訪問し、同行しながら指導するスタイルが人気。同行実績は北海道から沖縄まで全国各地で200名以上にのぼり、業界随一となる。一方でマジックや司会、映画、ラジオ番組出演などエンターテイメント活動にも従事。座右の銘は「自遊実現」。

公式サイト「フジップリン通信」（https://fujippulin.com/）はQRコードから。無料メールマガジン登録で本書の解説動画特典プレゼント！

ブックデザイン〇荒井雅美（トモエキコウ）
レイアウト・本文デザイン〇リンクアップ
編集〇石井亮輔（技術評論社）

■お問い合わせについて
本書の内容に関するご質問は、FAXか書面、弊社お問い合わせフォームにて受け付けております。なお電話によるご質問、および本書に記載されている内容以外の事柄に関するご質問にはお答えできかねます。あらかじめご了承ください。

〒162-0846
東京都新宿区市谷左内町21-13
株式会社技術評論社　書籍編集部
『せどりの思考法 ～ お宝商品は「違和感」で探せ』質問係
FAX番号　03-3513-6183
お問い合わせフォーム　https://book.gihyo.jp/116

なお、ご質問の際に記載いただいた個人情報は、ご質問の返答以外の目的には使用いたしません。また、ご質問の返答後は速やかに破棄させていただきます。

せどりの思考法《しこうほう》 ～ お宝商品《たからしょうひん》は「違和感《いわかん》」で探《さが》せ

2020年12月12日　初版　第1刷発行

著者　フジップリン
発行者　片岡　巌
発行所　株式会社技術評論社
東京都新宿区市谷左内町21-13
電話　03-3513-6150　販売促進部
03-3513-6166　書籍編集部
印刷／製本　日経印刷株式会社

定価はカバーに表示してあります。

造本には細心の注意を払っておりますが、万一、乱丁（ページの乱れ）や落丁（ページの抜け）がございましたら、小社販売促進部までお送りください。送料小社負担にてお取り替えいたします。

ISBN978-4-297-11718-4 C3055

Printed in Japan